JIS Q 15001:2017

個人情報保護
マネジメントシステム
要求事項の解説

藤原靜雄　監修

新保史生　編著

小堤康史・佐藤慶浩　著
篠原治美・鈴木　靖

日本規格協会

執筆者名簿

編集・執筆	新保　史生	慶應義塾大学 JIS Q 15001 改正原案作成委員会作業部会主査
執　　筆	小堤　康史	一般財団法人日本データ通信協会 JIS Q 15001 改正原案作成委員会委員
	佐藤　慶浩	一般社団法人日本個人情報管理協会 JIS Q 15001 改正原案作成委員会委員
	篠原　治美	一般財団法人日本情報経済社会推進協会 前 経済産業省商務情報政策局情報経済課
	鈴木　靖	株式会社シーピーデザインコンサルティング JIS Q 15001 改正原案作成委員会委員

(敬称略，順不同)

著作権について

　本書に収録した JIS は，著作権により保護されています．本書の一部又は全部について，当会の許可なく複写・複製することを禁じます．
　JIS の著作権に関するお問い合わせは，当会 販売サービスチーム (Tel：03-4231-8550) にて承ります．

まえがき

JIS Q 15001 は，1999 年に“個人情報保護に関するコンプライアンス・プログラムの要求事項”として策定された．その後，2003 年に“個人情報の保護に関する法律”（平成 15 年法律第 57 号）が制定され，2005 年に全面施行されたことを受けて，2006 年に“個人情報保護マネジメントシステム—要求事項”として改正された．

今般，2017（平成 29）年 5 月 30 日に改正個人情報保護法が施行されたことに伴い，本規格も改正され，2017 年 12 月 20 日に“個人情報保護マネジメントシステム—要求事項”として公示された．

1999 年にコンプライアンス・プログラムとして本規格が制定された当初は，1988 年に制定された“行政機関の保有する電子計算機処理に係る個人情報の保護に関する法律”（昭和 63 年法律第 95 号）のみが我が国における個人情報の保護に関する法律であった．同法は，行政機関を対象とした法律であるとともに，電子計算機処理に係る個人情報の保護を目的したものであって，民間部門における個人情報の取扱いについて規律の対象とはなっていなかったため，各府省や業界団体などのガイドラインに基づいて民間部門の自主的な取組みに委ねられてきた．

1990 年代後半の時点で，我が国においても情報ネットワークは既に社会的基盤として企業だけではなく，個人の生活に不可欠なものとして広く認識されるようになっていた．それと同時に，絶え間なく報道される情報流出事件に社会の不安が募るなど，個人情報の適正な取扱いと保護への社会的な要請も高まりつつあった．

そのような状況のもとで，民間部門における個人情報保護に関する法規制が存在しない状況において，法令遵守同様の取組みを目指し，法令遵守を意味する“コンプライアンス”という用語を冠した規格として 1999 年版の本規格が制定された．現在，コンプライアンスという用語は法令遵守を意味するものと

して広く一般に認知される用語となっているが，当時はこの用語が一般に浸透している状況にはなかった．

JIS Q 15001 の制定を契機に，情報管理の体制強化に乗り出す組織が徐々に増加し，本規格は個人情報の適正な取扱いと保護を実現するための規格として用いられるようになった．その後，個人情報の取扱いに法的義務が課される個人情報保護法が制定されたことで，規格と法律の義務規定の不整合が生じることとなったため，マネジメントシステム規格としての構成を明確化するための改正が 2006 年に行われた．

規格の履歴		正誤票・訂正票の履歴	
1999 年 3 月 20 日	制定	2006 年 7 月 25 日	正誤票
2006 年 5 月 20 日	改正	2006 年 7 月 25 日	訂正票
2010 年 10 月 1 日	確認	2011 年 9 月 20 日	訂正票
2015 年 10 月 20 日	確認	2018 年 3 月 15 日	正誤票
2017 年 12 月 20 日	改正		

さらに，2010 年に規格本文の改正は行わずに，規格解説に関し，個人情報保護法の施行後の取組みとの関係においてより明確化が求められてきた部分について，要求事項本体の改正ではなく，本規格に基づく高度で精緻な取組みに求められる個人情報の取扱いに関し，その記載内容の充実化を図るための改訂がなされた．規格解説の充実や公表事項の一覧を容易に把握できるなど，規格の利便性を向上させるための"確認"として公表された．

以上の経緯を経て，本規格は，個人情報保護への取組みが法的義務となってから 10 年以上が経過し，個人情報の取扱環境が変化したことに伴う法改正がなされたことを受けて，法令遵守のための規格からマネジメントシステム規格としての位置付けを明確にするための規格改正がなされている．

なお，本規格の解説は各執筆者の私見であり，経済産業省，日本規格協会，JIS Q 15001 改正原案作成委員会としての公式見解ではない点を確認しておきたい．

本書の監修は，JIS Q 15001 改正原案作成委員会委員長の藤原靜雄先生にお引き受けいただいた．

　本書の執筆にあたっては，新潟大学法学部の鈴木正朝教授より，2006 年に出版された旧規格の解説を活用して解説書を公刊することにご快諾をいただいた．心より感謝申し上げたい．

　最後に，日本規格協会からは本書出版の機会とともに本規格掲載の許諾をいただいた．特に，出版情報ユニット編集制作チームの室谷誠氏，本田亮子氏には，企画から進行管理，山田雅之氏には，編集及び校正から出版に至るまで大変お世話になった．記して御礼申し上げたい．

　2018 年 6 月

新保　史生

目　　次

まえがき

第1章　個人情報保護マネジメントシステムと標準化

1.1　概　説 …………………………（経済産業省商務情報政策局情報経済課）　13

　1.1.1　はじめに ………………………………………………………… 13

　1.1.2　"JIS" 及び "Q" の意味 …………………………………………… 13

　1.1.3　工業標準化法 …………………………………………………… 14

1.2　JIS Q 15001 制定の経緯 ……………………………………（新保史生）　14

　1.2.1　1999 年制定の経緯 ……………………………………………… 14

　1.2.2　2006 年改正の経緯 ……………………………………………… 16

　1.2.3　個人情報保護環境の変化 ……………………………………… 16

1.3　JIS Q 15001 改正の経緯 ……………………………………（新保史生）　18

　1.3.1　改正の背景 ……………………………………………………… 18

　1.3.2　改正の趣旨 ……………………………………………………… 19

　1.3.3　改正された規格の構造 ………………………………………… 19

1.4　JIS Q 15001 の規格構成 ……………………………………（佐藤慶浩）　21

0　序文 ………………………………………………………………………… 21

0.1　概要 ………………………………………………………………………… 21

0.2　他のマネジメントシステム規格との近接性 …………………………… 22

　1.4.1　概　要 …………………………………………………………… 22

　1.4.2　規格の構成と内容 ……………………………………………… 23

　1.4.3　附属書 A の位置付け …………………………………………… 24

　1.4.4　附属書 B の位置付け …………………………………………… 25

1.4.5　附属書 C の位置付け ……………………………………… 25

1.4.6　附属書 D の位置付け ……………………………………… 26

1.4.7　JIS Q 27001:2014 との比較 ……………………………… 26

第 2 章　JIS Q 15001 の適用範囲と引用規格の解説

1　適用範囲 …………………………………………………（佐藤慶浩）　29

2　引用規格 …………………………………………………（佐藤慶浩）　34

第 3 章　JIS Q 15001 の用語及び定義の解説

3　用語及び定義 ……………………………………………（佐藤慶浩）　35

3.1　JIS Q 27000 と差異のある用語 ……………………（佐藤慶浩）　36

3.2　JIS Q 15001 に固有の用語 ……………………………（鈴木　靖）　39

第 4 章　JIS Q 15001 の要求事項の解説

4　組織の状況 ………………………………………………（鈴木　靖）　49

4.1　組織及びその状況の理解 …………………………………… 49

4.2　利害関係者のニーズ及び期待の理解 ……………………… 50

4.3　個人情報保護マネジメントシステムの適用範囲の決定 …… 51

4.4　個人情報保護マネジメントシステム ……………………… 53

5　リーダーシップ …………………………………………（鈴木　靖）　54

5.1　リーダーシップ及びコミットメント ……………………… 54

5.2　方針 …………………………………………………………… 55

5.2.1　内部向け個人情報保護方針 ………………………… 55

5.2.2　外部向け個人情報保護方針 ………………………… 55

5.3　組織の役割，責任及び権限 ………………………………… 56

6 計画 ……………………………………………………(小堤康史) 58

6.1 リスク及び機会に対処する活動 ………………………… 58

6.1.1 一般 ……………………………………………… 58

6.1.2 個人情報保護リスクアセスメント ……………… 59

6.1.3 個人情報保護リスク対応 ………………………… 61

6.2 個人情報保護目的及びそれを達成するための計画策定 …… 63

7 支援 ………………………………………………………(小堤康史) 66

7.1 資源 ………………………………………………………… 66

7.2 力量 ………………………………………………………… 66

7.3 認識 ………………………………………………………… 67

7.4 コミュニケーション …………………………………… 69

7.5 文書化した情報 ………………………………………… 70

7.5.1 一般 ……………………………………………… 70

7.5.2 作成及び更新 …………………………………… 71

7.5.3 文書化した情報の管理 ………………………… 71

8 運用 ………………………………………………………(新保史生) 73

8.1 運用の計画及び管理 …………………………………… 73

8.2 個人情報保護リスクアセスメント …………………… 74

8.3 個人情報保護リスク対応 ……………………………… 75

9 パフォーマンス評価 …………………………………(新保史生) 76

9.1 監視，測定，分析及び評価 …………………………… 76

9.2 内部監査 ………………………………………………… 77

9.3 マネジメントレビュー ………………………………… 78

10 改善 ………………………………………………………(新保史生) 80

10.1 不適合及び是正処置 …………………………………… 80

10.2 継続的改善 ……………………………………………… 82

10

第 5 章　JIS Q 15001 の管理目的及び管理策の解説

A.3　管理目的及び管理策

A.3.1　一般 ……………………………………………（新保史生）　83

　A.3.1.1　一般 ……………………………………………………　83

A.3.2　個人情報保護方針 …………………………………（新保史生）　85

　A.3.2.1　内部向け個人情報保護方針 ………………………………　85

　A.3.2.2　外部向け個人情報保護方針 ………………………………　87

A.3.3　計画 ……………………………………………（新保史生）　89

　A.3.3.1　個人情報の特定 ……………………………………………　89

　A.3.3.2　法令，国が定める指針その他の規範 ………………………　91

　A.3.3.3　リスクアセスメント及びリスク対策 ………………………　95

　A.3.3.4　資源，役割，責任及び権限 ………………………………　101

　A.3.3.5　内部規程 …………………………………………………　104

　A.3.3.6　計画策定 …………………………………………………　107

　A.3.3.7　緊急事態への準備 …………………………………………　109

A.3.4　実施及び運用 ………………………………………（新保史生）　113

　A.3.4.1　運用手順 …………………………………………………　113

　A.3.4.2　取得，利用及び提供に関する原則 …………………………　114

　　A.3.4.2.1　利用目的の特定 ………………………………………　114

　　A.3.4.2.2　適正な取得 ……………………………………………　116

　　A.3.4.2.3　要配慮個人情報 ………………………………………　119

　　A.3.4.2.4　個人情報を取得した場合の措置 ………………………　121

　　A.3.4.2.5　A.3.4.2.4 のうち本人から直接書面によって取得する

　　　　　　　場合の措置 ……………………………………………　126

　　A.3.4.2.6　利用に関する措置 ……………………………………　131

A.3.4.2.7　本人に連絡又は接触する場合の措置 ······················ 136

A.3.4.2.8　個人データの提供に関する措置 ····························· 143

A.3.4.2.8.1　外国にある第三者への提供の制限 ··············· 150

A.3.4.2.8.2　第三者提供に係る記録の作成など ··············· 151

A.3.4.2.8.3　第三者提供を受ける際の確認など ··············· 152

A.3.4.2.9　匿名加工情報 ·· 153

A.3.4.3　適正管理 ·· 155

A.3.4.3.1　正確性の確保 ··· 155

A.3.4.3.2　安全管理措置 ··· 157

A.3.4.3.3　従業者の監督 ··· 160

A.3.4.3.4　委託先の監督 ··· 162

A.3.4.4　個人情報に関する本人の権利 ······························ 166

A.3.4.4.1　個人情報に関する権利 ······································ 166

A.3.4.4.2　開示等の請求等に応じる手続 ······························ 170

A.3.4.4.3　保有個人データに関する事項の周知など ·············· 172

A.3.4.4.4　保有個人データの利用目的の通知 ··················· 174

A.3.4.4.5　保有個人データの開示 ······································ 175

A.3.4.4.6　保有個人データの訂正，追加又は削除 ··············· 180

A.3.4.4.7　保有個人データの利用又は提供の拒否権 ··············· 182

A.3.4.5　認識 ··· 185

A.3.5　文書化した情報 ······························· (小堤康史) 187

A.3.5.1　文書化した情報の範囲 ······································· 187

A.3.5.2　文書化した情報（記録を除く．）の管理 ················· 189

A.3.5.3　文書化した情報のうち記録の管理 ······················ 191

A.3.6　苦情及び相談への対応 ···················· (小堤康史) 193

A.3.7　パフォーマンス評価 ······················· (小堤康史) 195

A.3.7.1　運用の確認 ··· 195

A.3.7.2　内部監査 ··· 197

A.3.7.3 マネジメントレビュー …………………………………………………… 200

A.3.8 是正処置 ………………………………………………（小堤康史） 203

索　引　207

略　歴　211

■本書編集にあたって

　JIS 規格票は JIS Z 8301（規格票の様式及び作成方法）に準じて作成されています．本書では，句点（．）を除いて，JIS Q 15001:2017 及び必要に応じて関連する規格に枠囲みを施して，逐次，転載しています．

　本書の解説文については，読みやすさを考慮して，すべてについて JIS Z 8301 に準じることなく校正・編集しており，JIS における用字の使い方と異なる箇所があります．

■脚注について

　アスタリスク＊に数字を付した脚注番号（例：＊1）は，解説文のほか，転載した JIS Q 15001:2017 に対する正誤票を反映した箇所に付しています．

第1章　個人情報保護マネジメントシステムと標準化

1.1　概　　説

1.1.1　は じ め に

"JIS Q 15001:2017 個人情報保護マネジメントシステム―要求事項 (Personal information protection management systems—Requirements)" (以下，"本規格"という．）は，工業標準化法に基づき，日本工業標準調査会の審議を経て，経済産業大臣により 2017（平成 29）年 12 月 20 日に告示された日本工業規格の一つである．

　本規格は，1999（平成 11）年 3 月 20 日に "JIS Q 15001:1999 個人情報保護に関するコンプライアンス・プログラムの要求事項（Requirements for compliance program on personal information protection）"として制定され，2006（平成 18）年に 1 回目の改正が行われた（以下，"旧規格"という．）．今回は 2 回目の改正となる．

　旧規格は，事業者における個人情報保護の取組みに当たり，第三者認証制度等を通じて活用され，民間部門の個人情報保護の促進と消費者保護について一定の役割を果たしてきたが，これまでの運用実態を踏まえ，また，2015（平成 27）年 9 月に改正が成立し，2017（平成 29）年 5 月 30 日に全面施行となった "個人情報の保護に関する法律"（平成 15 年法律第 57 号．以下，"個人情報保護法"という．）等との関係を整理するために改正が行われたものである．

1.1.2　"JIS" 及び "Q" の意味

"JIS" は，Japanese Industrial Standard（日本工業規格）の略称であり，

14 第1章 個人情報保護マネジメントシステムと標準化

"日本工業規格"とは，我が国の工業標準化法に基づいて制定される国家規格である．

"JIS"の表記の次に付されているアルファベットは規格内容を示す分類記号であり，"C"（電子機器及び電気機械），"S"（日用品）など19の分野に分類されている．

"Q"は"標準物質／管理システム等"を示す記号であり，本規格が標題の通り，管理システム（マネジメントシステム）に分類されることを示している．

1.1.3 工業標準化法

工業標準化（いわゆるJIS化）の根拠法は，工業標準化法[*1]である．同法第2条は，工業標準化について，同条各号に定める事項を"全国的に統一し，又は単純化すること"と定義している．同条2号は，それを受けて"鉱工業品の生産方法，設計方法，製図方法，使用方法若しくは原単位又は鉱工業品の生産に関する作業方法若しくは安全条件"と規定している．

本規格における個人情報マネジメントシステムは，情報ネットワーク社会をその前提として策定されたものであり，当然のことながら，電子計算機（コンピュータ）の使用方法を中心として，個人情報の取扱い一般の管理方法を標準化したものである．したがって，本規格は，まさに同法2条2号の定める"鉱工業品"（電子計算機）の"使用方法"に該当するということができる．

1.2 JIS Q 15001 制定の経緯

1.2.1 1999 年制定の経緯

個人情報の保護に関する法令が民間部門における個人情報の取扱いを対象としていなかった段階において，事業者における個人情報保護への取組みを促進

[*1] 工業標準化法が2018（平成30）年5月に一部改正されている．今後，産業標準化法として施行される時期と内容に留意されたい．

1.2 JIS Q 15001 制定の経緯

するため，1980年の"プライバシー保護と個人データの国際流通についての
ガイドラインに関するOECD理事会勧告"（OECD理事会勧告）及び1995年
の"個人データ処理に係る個人の保護及び当該データの自由な移動に関する欧
州議会及び理事会の指令"（EU個人データ保護指令）を基礎として，1989年
に通商産業省（当時）が個人情報保護に関するガイドラインを策定し，1997
年に改正している．

　また1998年には，当該ガイドラインを基準とした第三者評価認証制度であ
るプライバシーマーク制度が開始され，それを活用することで一層の取組みと
促進が図られてきた．

　ただし，このような取組みが，通商産業省が策定したガイドラインを基礎と
していたため，同省の管轄する関係業界に限られるおそれを懸念し，業種業態
を超えた取組みが必要であるとの考えに基づき，ガイドラインを規格化したも
のがJIS Q 15001である．通商産業省ガイドラインから，プライバシーマー
ク制度は本規格を認証基準として運用されることとなった．

　諸外国においても，OECD理事会勧告のプライバシーガイドラインに基づ
いて，個人情報保護に関する法令等が順次制定され，多くの先進国においては
1990年代には法整備が行われている．

　さらに，EU個人データ保護指令の採択によって，個人情報保護制度は新た
な段階に移行した．EU域外への越境データ移転を制限することで，EU加盟
国内におけるEU市民に係る個人情報保護のレベルを一定に保つことを目指
すとともに，世界標準としての個人情報保護への取組みの基準となるルールと
して位置付けられるものとなった．

　このような過程で，我が国では，民間部門における個人情報の取扱いは，通
商産業省（当時）の告示に基づいてガイドラインとして示され，そのガイドラ
インに基づいて民間部門における自主的な取組みとしてのプライバシーマーク
制度が整備されたことは前述の通りである．さらに，工業標準として，工業標
準化法に基づく規格として個人情報保護への取組みが定められ，法律に基づく
義務が課されていない段階において，法令遵守同様のコンプライアンスを求め

16 第1章 個人情報保護マネジメントシステムと標準化

る上で必要な手続を定めることになった.

なお，1999年制定の本規格の要求事項の基礎となった基準はEU個人データ保護指令である．したがって，本規格はEU個人データ保護指令にならって我が国における個人情報保護へのコンプライアンス，つまり法令遵守に必要な取組みを定めたものである.

1.2.2 2006年改正の経緯

2003（平成15）年に個人情報保護法が制定され，法定の義務として個人情報取扱事業者の義務が法律で明記され，従来からの自主的な取組みとしてのコンプライアンスから，文字通りの法律に基づく法令遵守としてのコンプライアンスへと移行した．これに伴い，本規格の2006年改正では，マネジメントシステム規格として，法令遵守を達成する上で必要な取組みを組織的，体系的に定める上で必要な指針として改正されている.

1.2.3 個人情報保護環境の変化

2005（平成17）年に個人情報保護法が全面施行された後，いわゆる過剰反応が見受けられるようになる．本来は個人情報保護法に基づく義務として定められていない手続でありながら，同法によって個人情報や個人データの取扱いが制限されるという誤解が生じていたことは周知の事実である.

例えば，個人データの取扱いに関する第三者提供に当たっての本人同意は，検索性・体系性がなく，個人データに該当しない個人情報，例えば，運動会における写真の掲示や来店した人物の名前を目の前で呼ぶといった行為については，個人データの第三者提供には該当しないため，本人同意は不要である．それにもかかわらず，個人情報保護法に基づいて第三者提供が制限されるとの誤解に基づいて個人情報の取扱いに支障が生じるとの指摘がなされてきた.

ところが，ビックデータの活用が提唱されるようになると，個人データの取扱いに支障が生じる過剰反応から，いつの間にか"個人情報"に該当する情報であるにもかかわらず，個人情報に該当しない情報として，法律が定める義務

1.2 JIS Q 15001 制定の経緯

に基づく取扱いを行わなくてもよいかのような風潮が表れるようになる．例えば，各種のアクセスログ・位置情報・端末の識別番号など，その情報単独では特定の個人を識別することができない情報であっても，他の情報と容易に照合することが可能な場合には個人情報に該当する情報でありながら，それらの情報は個人情報ではないといった安易な判断に基づいて，いわゆるビックデータ活用の名の下に個人情報の不適正な取扱いが散見されるようになる．言うなれば，"過剰反応"から"過小評価"へと個人情報を取り扱う際の問題意識が変容し，その結果，本来は個人情報として取り扱うべき個人に関する情報が適正に取り扱われないという問題が生じるようになる．

そのような問題に対応すべく，個人に関する情報であって，その情報単独では必ずしも個人情報であるかどうか明確に判断することができない情報について，それらの適正な取扱いと保護の必要性が意識されるようになる．その過程において便宜上用いられた用語として，個人に関する情報であって上述のような情報のことをいわゆる"パーソナルデータ"と称し，パーソナルデータの取扱いに必要な手続を検討することが改正個人情報保護法における主たる検討事項となった．

以上の経緯を経て，個人情報の適正な取扱いと保護はもとより，個人情報の利活用に必要な手続と，個人情報保護法の適切な執行のための体制を整備すべく，新たな個人情報の定義の追加や個人情報保護委員会の設置，さらに，個人情報取扱事業者の新たな義務等が改正個人情報保護法によって定められた．

とりわけ，個人情報保護委員会の設置により，個々の主務大臣による法を執行する制度から，統一的かつ一元的な法執行体制が整備された．国内においては，個人情報保護法の執行に当たって統一的な取組みが可能になるとともに，国際的な個人データの流通に対応した対応も円滑に行われる体制が整備されたことになる．

このような背景から，当初の本規格は法律が制定されていなかった段階におけるコンプライアンスを目的としたものであり，その後，個人情報保護法制定後に法令遵守を達成するためのマネジメントシステム規格へと移行した．そし

18 第 1 章 個人情報保護マネジメントシステムと標準化

て，本規格の 2017 年改正では，マネジメントシステム規格としての位置付け
の明確化を図るための規格構成の見直しがなされ，2017（平成 29）年に改正
個人情報保護法が全面施行されたことを受けて，用語の平仄を合わせるととも
に，管理策等を追加するなどの改正がなされることとなった．

1.3 JIS Q 15001 改正の経緯

1.3.1 改正の背景

2017（平成 29）年 5 月 30 日に改正個人情報保護法が全面施行されたこと
により，個人情報保護に関する法体系及び法執行体制が大きく変わった．個人
情報保護委員会が設置され，主務大臣制に基づく個別分野ごとの執行体制から
一元化・統一化された法執行体制に移行した．主務大臣ごとに策定されていた
各府省ガイドラインは原則として委員会ガイドラインに一元化された．ただ
し，事業一般ガイドラインとしての経済産業分野ガイドラインは個人情報保護
委員会ガイドラインへと移行する一方で，事業分野の特性や当該事業において
取り扱われる個人情報の性質及び利用方法等の特性を踏まえ，改正個人情報保
護法第 6 条が定める "法制上の措置その他の措置等" を根拠に，事業者に混
乱が生じないよう留意し，個々に取扱いを検討した結果，一部の各府省ガイド
ラインの改正は実施されている．

認定個人情報保護団体の指針などのガイドラインの位置付けについても，改
正前の個人情報保護法では認定個人情報保護団体の指針はあくまで各団体によ
る自主的な指針にすぎず，公表を行うことのみが定められていたが，個人情報
保護委員会規則に基づく届出へと移行している．

民間部門を対象とした個人情報保護法が制定されていない段階において，個
人情報保護における法令遵守の促進を目的に，コンプライアンスプログラムと
して策定された JIS Q 15001 の位置付けは，2005（平成 17）年に全面施行と
なった個人情報保護法等との関係を整理するために改正がなされ，マネジメン
トシステムとしての構成に移行したが，以上の通り，個人情報保護制度が大き

く変わったことにより，規格の意義及び位置付けを抜本的に見直すこととなった．

とりわけ，本規格は第三者認証制度を通じて活用され，民間部門の個人情報保護の促進と消費者保護について重要な役割を果たしているが，改正個人情報保護法による法執行体制の新たな段階への移行により，第三者機関としての個人情報保護委員会によって制定・運用される指針等とは異なる規格としての位置付けの明確化が必要であること，つまり，各府省ガイドラインや認定個人情報保護団体の指針とは異なり，個人情報保護法に基づく指針ではなく，本規格は工業標準化法に基づくマネジメントシステム規格であり，個人情報保護法の上乗せ的なガイドラインとしての役割を担うものではない点が旧規格とはその存在意義が多く異なる点であるといえる．

1.3.2 改正の趣旨

本規格の 2017 年改正は，マネジメントシステム規格としての位置付けの明確化とともに，改正個人情報保護法が全面施行されたことを受けて用語の平仄を合わせるとともに，管理策等を追加することが主たる目的である．また，旧規格で充実させた解説の内容の中で本規格に取り入れるほうが適切である内容を精査し，附属書 B（参考）としている．

なお，改正に当たっては，本規格が民間部門の個人情報保護の促進及び消費者保護に重要な役割を果たしていることから，要求事項の基本的な考え方を変更せず，旧規格に基づいて構築された個人情報保護マネジメントシステムが本規格の改正によって不適合を生じないことに配慮している．

1.3.3 改正された規格の構造

今回の改正では，個人情報保護マネジメントシステムに関する要求事項を記載した規格本文と，管理策を記載した“附属書 A（規定）”とに分離した規格の構成となっている．さらに，附属書 A（規定）の理解を助けるための参考情報を記載した“附属書 B（参考）”及び“附属書 C（参考）”，並びに本規格と

旧規格との対応を示した“附属書D（参考）”で構成されている．

　旧規格までは，規格本文及び規格解説で構成されており，規格本文のマネジメントシステム構成要素に加え，マネジメントシステムの対象である個人情報についての取扱いに関するルール（法令事項を含む）が規定されていた．そのため，個人情報保護法等及び技術的進歩との関連を踏まえたメンテナンス性や，他のマネジメントシステム規格との整合性確保の観点から，規格の構成について見直しが実施された．なお，附属書A（規定）において示されている事項は，個人情報保護法が定める個人情報取扱事業者の義務を遵守することを当然のことながら前提とするものである．したがって，要求事項を記載した規格本文ではないものの，法令遵守の観点から実施する項目を適宜取捨選択するといったことはできない．

　規格の構成は，マネジメントシステムとしての“規格本文”，個人情報についての取扱いに関するルール（法令事項を含む）としての“附属書（規定）”，規格の補足的な事柄について説明する“附属書（参考）”，規格の一部ではないが，規格の利用者にとって有効な事柄（組織が安全管理措置を講じるに当たっての参考情報等）について説明する“解説”からなる．

　規格本文は，マネジメントシステム規格作成の指針である“ISO/IEC 専門業務用指針 第1部 及び統合版 ISO 補足指針—ISO 専用手順の附属書 SL に適合する規格構成を参照している．マネジメントシステム規格である ISO 9001（QMS）や ISO 14001（EMS），ISO/IEC 27001（ISMS）は，当該指針に適合した規格構成に改正されており，これらの規格（又は当該 JIS）との整合性を確保することが組織にとって有益である．ただし，本規格に対応する ISO 規格が現時点では存在しない．そのため，他のマネジメント規格との整合性を図るために附属書 SL を参照しているが，個人情報保護マネジメントシステム特有の項目もあることから，附属書 SL に完全に準拠しているわけではない．対応する ISO 規格が存在しない現段階において，ISO 規格に近接した規格構成としたことは大きな意義がある．

　本規格の改正に当たっては，個人情報保護と情報セキュリティとは安全管理

措置の点で共通する事項が多いことから，附属書SLに整合したマネジメントシステム規格として，先行して制定されているJIS Q 27001:2014（情報技術—セキュリティ技術—情報セキュリティマネジメントシステム—要求事項）を参考とした．

なお，本規格の"3 用語及び定義"については，JIS Q 27001の用語を定めた規格であるJIS Q 27000:2014（情報技術—セキュリティ技術—情報セキュリティマネジメントシステム—用語）を参考としたが，本規格の内容に則してJIS Q 27000の記載内容の一部を修正した．

1.4　JIS Q 15001 の規格構成

本節では，規格の技術的な内容や規格の制定・改正の理由等について簡略に記された"序文"とともに，本規格の概要と構成が説明されている．

0　序文

0　序文

　この規格は，1999年に第1版が制定され，2006年に1回の改正が行われた（以下，旧規格という．）．その後の個人情報の保護に関係する法律の改正に伴い，内容の整合性を図るために改正した日本工業規格である．

　なお，対応国際規格は現時点で制定されていない．また，この規格と旧規格との対応を**附属書D**に示す．

0.1　概要

　この規格は，個人情報保護マネジメントシステムを確立し，実施し，維持し，継続的に改善するための要求事項を提供するために作成された．個人情報保護マネジメントシステムの採用は，組織の戦略的決定である．組織の個人情報保護マネジメントシステムの確立及び実施は，その組織のニーズ及び目的，個人情報保護の要求事項，組織が用いているプロセス，並びに組織の規模及び構造によって影響を受ける．影響をもたらすこれらの要因全ては，時間とともに変化することが見込まれる．

　個人情報保護マネジメントシステムは，リスクマネジメントプロセスを適用することによって個人情報の保護を維持し，かつ，リスクを適切に管理しているという信頼を利害関係者に与える．

22 第1章 個人情報保護マネジメントシステムと標準化

個人情報保護マネジメントシステムを，組織のプロセス及びマネジメント構造全体の一部とし，かつ，その中に組み込むこと，並びにプロセス，情報システム及び管理策を設計する上で個人情報保護を考慮することは，重要である．個人情報保護マネジメントシステムの導入は，その組織のニーズに合わせた規模で行うことが期待される．

この規格は，組織自身の個人情報保護要求事項を満たす組織の能力を，組織の内部で評価するためにも，また，外部関係者が評価するためにも用いることができる．

この規格で示す要求事項の順序は，重要性を反映するものでもなく，実施する順序を示すものでもない．本文中の細別符号［例えば，**a)**，**b)**，又は**1)**，**2)**］は，参照目的のためだけに付記されている．

0.2　他のマネジメントシステム規格との近接性

この規格は，**ISO/IEC**専門業務用指針 第1部 統合版**ISO**補足指針の**附属書SL**に規定する上位構造（**HLS**），共通の細分箇条題名，共通テキスト並びに共通の用語及び中核となる定義を参考にしており，**附属書SL**を採用した他のマネジメントシステム規格との近接性が保たれている．

附属書SLに規定するこの共通の取組みは，二つ以上のマネジメントシステムを運用する組織にとって有用となる．

1.4.1　概　　要

ISO 規格においては，マネジメントシステム規格の開発について，"ISO/IEC Directives, Part 1, Consolidated ISO Supplement—Procedures specific to ISO" の "Annex SL (normative) Proposals for management system standards" という文書により規定されている．同文書については，その日本語訳が "ISO/IEC 専門業務用指針 第1部及び統合版 ISO 補足指針—ISO 専用手順 英和対訳版" として日本規格協会から発行されており，その中に "附属書 SL マネジメントシステム規格の提案" がある[*2]．

"附属書 SL" には，"Appendix 2 上位構造，共通の中核となるテキスト，共通用語及び中核となる定義" において，マネジメントシステム規格のひな形が規定されている．この規定に従って既に JIS として制定され一般に広く利用されている規格として，JIS Q 27001 や JIS Q 9001:2015（品質マネジメン

[*2]　"ISO/IEC 専門業務用指針 第1部及び統合版 ISO 補足指針—ISO 専用手順 英和対訳版" は，日本規格協会のウェブサイト（http://www.jsa.or.jp/）の "ISO/IEC の規定・政策等アーカイブ" のウェブページから入手することができる．

トシステム—要求事項）などがある．

本規格は，国際規格に対応するものではないが，組織が個人情報保護のマネジメントシステムを構築する際に，個人情報保護以外の分野のものと併せて構築しやすくするために，本規格も"附属書SL"に概ね準じている．

本規格は，規格本文と附属書Aから附属書Dまでの五つで構成されており，旧規格から本規格への改正における関連規格との関係の概要を図で示すと次のようになる（図1.1参照）．

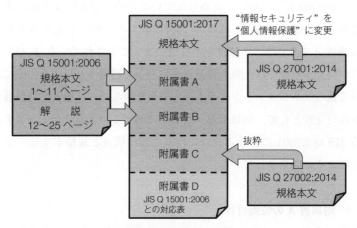

改正の構成変更の概要を示したものであり，
上記以外に修正や削除された箇所がある．

図 1.1 本規格と旧規格の構成変更の概要

1.4.2 規格の構成と内容

"附属書SL"では，規格の構成が次のとおり規定されており，本規格もこれに合わせた構成になっている．

```
0  序文
1  適用範囲
2  引用規格
3  用語及び定義
```

24 第 1 章 個人情報保護マネジメントシステムと標準化

4 組織の状況
5 リーダーシップ
6 計画
7 支援
8 運用
9 パフォーマンス評価
10 改善

また"附属書 SL"では,構成だけでなく,共通項としての規格本文のひな形が"Appendix 2"において定められているため,本規格もそれに基づいて開発された."Appendix 2"には,"分野に固有のもの"を定めることとされている箇所（文書では,下線付きの青色の文字で示されている.）があり,それらについて本規格では,個人情報保護に沿って開発された.その際に,組織における他のマネジメントシステムとの整合を図るため,個人情報保護への関連性が高い分野として,情報セキュリティに関するマネジメントシステム規格である JIS Q 27001 における分野に固有な規格構成と規格本文に,なるべく合わせるように開発されている.

1.4.3 附属書 A の位置付け

本規格の附属書 A は,本規格におけるリスク対応の際に,必要な管理策に見落としがないかを検証するための一覧を規定したものである.

JIS Q 27001 では,"附属書 SL の Appendix 2"の"6.1 リスク及び機会への取組み"に対応する箇所で,"6.1.2 情報セキュリティリスクアセスメント"及び"6.1.3 情報セキュリティリスク対応"を追加し,"6.1.3 情報セキュリティリスク対応"の中で,必要な管理策に見落としがないかを検証するための管理策一覧を附属書 A で定めている.本規格もこの構成に合わせている.

組織は,附属書 A に示された全ての管理策について必要性を検証し,必要なものを採用する.組織として採用しない管理策については,採用しないことによって生じるリスクを受容するという判断をしたことになる.

本規格の附属書 A については,"6.1.3 個人情報保護リスク対応"に従っ

て，選択した管理策を採用する．ただし，規格本文の要求事項と同種の管理策が附属書Aにある場合には，それらの管理策を選択せずに除外することは認められないと考えられる．そもそも，規格本文と同種の管理策が附属書Aに重複していることは，規格としてはないことが望まれるが，附属書Aは，旧規格の規格本文と同様の構成にすることに重きを置いて旧規格の利用者の継続性に配慮されて作成されたため，そのような重複が生じている．

附属書Aにおいて，計画書を文書ではなく "記録" としているのは，旧規格との連続性に配慮したためである．したがって，組織が仮に，計画書を "文書化した情報" としたほうが適切な管理策になると判断するならば，組織は，それに該当する管理策についてそのように決定することができる．

1.4.4 附属書Bの位置付け

本規格の附属書Bは，附属書Aで示した管理策を解説したものである．ISMS ファミリ規格では，JIS Q 27001 の "附属書A" にある管理策を実施するための手引として，JIS Q 27002:2014（情報技術―セキュリティ技術―情報セキュリティ管理策の実践のための規範）が制定されているが，本規格では，それに相当するものを "規定" ではなく "参考" として規格に内包している．

本規格では，附属書Bは附属書Aの理解を助けるために，必要に応じて使用するための参考情報である．したがって，附属書Bの内容は，附属書Aの規定を制約するものではないため，附属書Bの内容のとおりでなくとも，附属書Aの規定に沿った管理策の内容を決定することができる．

1.4.5 附属書Cの位置付け

本規格の附属書Cは，リスク対応の際に，必要な管理策のうち，安全管理措置に関係する管理策に見落としがないかを検証するための一覧を示したものである．

附属書Cは，JIS Q 27002 の箇条5から箇条18をもとにして作成された．

本規格は個人情報を対象とした安全管理措置であり，JIS Q 27002 は個人情報に限らない情報を対象とした情報セキュリティ対策となる．旧規格では，"安全管理措置"と"情報セキュリティ対策"との違いが明確にされていなかった．しかし，本規格では，個人情報保護における"安全管理措置"と"個人情報に係る情報セキュリティ対策"は同じ意味であることが示された．これによって，組織が，本規格による安全管理措置のマネジメントシステムと，情報セキュリティのマネジメントシステムの両方を構築する場合には，効率的にそれらを構築することができるようになった．

附属書 C については，"A.3.4.3.2 安全管理措置"の理解を助けるために必要に応じて使用する．

なお，附属書 A には，"表 A.1 の細分箇条でアスタリスク（*）がある箇所は，附属書 B に補足説明を記載している．"と記されているが，表 A.1 の中で，"A.3.4.3.2 安全管理措置"には，"安全管理措置に関する管理目的及び管理策は，附属書 C を参照．"とも記されている．これにより旧規格に適合しており，その安全管理措置を継承する場合には附属書 B の"B.3.4.3.2 安全管理措置"を参考にし，JIS Q 27001 にも適合しやすくするためには，"附属書 C"を参考にすることができる．

1.4.6　附属書 D の位置付け

本規格の附属書 D は，旧規格との対応を示したものである．旧規格を使用しており，それと本規格の対応を確認したい場合に，必要に応じて使用することができる．

1.4.7　JIS Q 27001:2014 との比較

本規格と JIS Q 27001 との構成には，以下のような違いがある．

（1）　内部向け方針と外部向け方針

JIS Q 27001 の"5.2 方針"が，本規格では，"5.2.1 内部向け個人情報保護方針"と"5.2.2 外部向け個人情報保護方針"に分けられている．

1.4 JIS Q 15001 の規格構成　　　27

　5.2.1 では，a)～g)を満たすことで内部向け個人情報保護方針の確立を求め
ているが，5.2.2 では，外部向け個人情報保護方針を文書化し，一般の人が知
り得るようにすることを求めている．このとき，本規格は，内部向け個人情報
保護方針そのものを文書化して一般の人が知り得るようにすることは求めてお
らず，5.2.2 の a)により，内部向けと矛盾しない文書を外部向けとすることを
求めている．したがって，組織は内部向け方針と外部向け方針を別にするか同
一にするかを選択することができ，柔軟な管理ができるようになっている．

（2）　適用宣言書

　JIS Q 27001 の"6.1.3 情報セキュリティリスク対応"にある次の d)の記載
が本規格の"6.1.3 個人情報保護リスク対応"にはない．

―――― **JIS Q 27001:2014** ――――

6.1.3　情報セキュリティリスク対応
d)　次を含む適用宣言書を作成する．
　―必要な管理策［**6.1.3 の b)**及び **c)**参照］
　―それらの管理策を含めた理由
　―それらの必要な管理策を実施しているか否か
　―**附属書 A** に規定する管理策を除外した理由

　適用宣言書を作成することは"附属書 SL"では規定されておらず，本規格
においては，組織におけるマネジメントシステム構築における要求事項ではな
い．しかし，その作成を規定しないということは，適用宣言書を作成せずにマ
ネジメントシステムを構築しなければならないということではなく，組織は，
適用宣言書を作成してマネジメントシステムを構築することもでき，より柔軟
な構築ができるようになっている．

　ただし，外部機関による個人情報保護マネジメントシステムの認証登録を求
めるために本規格を利用する場合には，当該外部機関の審査基準を確認し，適
用宣言書の作成が要求されていれば，作成する必要がある．

第2章　JIS Q 15001 の適用範囲と引用規格の解説

本章では，本規格における"適用範囲"と"引用規格"について解説する．

JIS における"適用範囲"の箇条には，当該規格が取り扱う"主題とその側面，及び当該規格が適用される範囲"が規定されている．文献の要約の位置付けでもあり，ここには当該規格の主体である要求事項は規定されない．また，"引用規格"の箇条には，当該規格の"規定の一部を構成する"ために必要となる JIS や国際規格，又はこれらに準じる規範文書があれば，ここに列記される．

1　適用範囲

1　適用範囲

　この規格は，組織が，自らの事業の用に供している個人情報に関する，個人情報保護マネジメントシステムを確立し，実施し，維持し，かつ，改善するための要求事項について規定する．この規格が規定する要求事項は，種類又は規模を問わず，全ての組織に適用できることを意図している．この組織は，個人情報の保護に関する法律（平成 15 年法律第 57 号）（以下，個人情報保護法という．）に定める個人情報取扱事業者を意味する．

　　　注記　"事業の用に供している"の"事業"とは，一般社会通念上事業と認められるものをいい，営利事業だけを対象とするものではない．このため，従業者の個人情報は，事業の用に供している個人情報である．

❑ **解　説**

（1）　適用される個人情報の範囲

本規格の適用範囲は"個人情報保護マネジメントシステムを確立し，実施し，維持し，かつ，改善するための要求事項について規定する．"としており，その範囲を"組織が，自らの事業の用に供している個人情報に関する"と

限定している.

　個人情報保護の対象となる情報は個人情報であるが，自らの事業の用に供していないが，個人情報に該当する情報が組織内に存在する場合がある．そのような個人情報は，適用範囲としなくても，本規格への適合をしている.

　例えば，倉庫業，データセンター（ハウジング，ホスティング）等の事業において，保管している情報が個人情報に該当するかどうかを認識することなく預かっている場合は，事業ではあっても，その用に供しているとはいえない．業務の性質上，個人情報の特定ができず，組織において個人情報マネジメントシステムの対象として認識できないものについては，そもそも本規格を適用することはできない.

　ただし，注記にあるとおり，"'事業'とは，一般社会通念上事業と認められるものをいい，営利事業だけを対象とするものではない."としており，その例示として，"従業者の個人情報は，事業の用に供している個人情報である."としている．例えば，所得税処理や通勤費支給のために従業者の自宅住所を管理する場合は，その事務作業は営利事業そのものではないが，事業の一部として実施されることであるから，それを除外することはできない.

(2)　適用される組織の範囲

　本規格の"1 適用範囲"は，"この規格が規定する要求事項は，種類又は規模を問わず，全ての組織に適用できることを意図している."としており，さらに，"この組織は，個人情報の保護に関する法律（平成15年法律第57号）（以下，個人情報保護法という．）に定める個人情報取扱事業者を意味する."としていることから，この規格が適用される組織は個人情報保護法に定める個人情報取扱事業者に限定されている.

(3)　JIS Q 27001:2014 との比較

　本規格の開発で参考にされた JIS Q 27001 の"1 適用範囲"を次に示す．なお，本規格が参考にした箇所に下線を付している.

1　適用範囲　　　　　　　　　　　　　　31

───── **JIS Q 27001:2014** ─────

1　適用範囲

　この規格は，組織の状況の下で，ISMS を確立し，実施し，維持し，継続的に改善するための要求事項について規定する．この規格は，組織のニーズに応じて調整した情報セキュリティのリスクアセスメント及びリスク対応を行うための要求事項についても規定する．この規格が規定する要求事項は，汎用的であり，形態，規模又は性質を問わず，全ての組織に適用できることを意図している．組織がこの規格への適合を宣言する場合には，箇条 4 ～箇条 10 に規定するいかなる要求事項の除外も認められない．

　　　注記　この規格の対応国際規格及びその対応の程度を表す記号を，次に示す．

　　　　ISO/IEC 27001:2013, Information technology—Security techniques—
　　　　Information security management systems—Requirements (IDT)

　　　　なお，対応の程度を表す記号 "IDT" は，**ISO/IEC Guide 21-1** に基づき，"一致している" ことを示す．

　本規格の分野に合わせて "ISMS"（情報セキュリティマネジメントシステム）を "個人情報保護マネジメントシステム" としてある．JIS Q 27001 にある "継続的に改善する" の "継続的に" が，本規格にはないが，これは，改善を継続しなくてもよいということではなく，"10.2 継続的改善" において，"組織は，個人情報保護マネジメントシステムの適切性，妥当性及び有効性を継続的に改善しなければならない." と規定されていることから，継続的に改善することが求められている．したがって，一般的には，組織は，継続的に改善することにより，本規格を利用することができる．

　JIS Q 27001 の注記を本規格では記載していないが，これは，国際規格に対応している規格の場合に記載されるものであり，本規格は国際規格に対応するものではないため記載されていない．

　JIS Q 27001 にある "組織がこの規格への適合を宣言する場合には，箇条 4 ～箇条 10 に規定するいかなる要求事項の除外も認められない." の記載が本規格にはないが，これは，箇条 4 から箇条 10 に規定する要求事項の除外を認めるものではない．このことは，品質マネジメントシステムの要求事項である JIS Q 9001:2015 の "1 適用範囲" に記載はないが，同規格の 4.3 にある "適用可能な要求事項は全て適用する．適用不可能であることを決定した場合，そ

32 第 2 章　JIS Q 15001 の適用範囲と引用規格の解説

の正当性を示すことが求められる."旨と同様である.

―――――――――――――――――――――――――――――― JIS Q 9001:2015 ――

1　適用範囲

　この規格は，次の場合の品質マネジメントシステムに関する要求事項について規定する.

a) 組織が，顧客要求事項及び適用される法令・規制要求事項を満たした製品及びサービスを一貫して提供する能力をもつことを実証する必要がある場合.

b) 組織が，品質マネジメントシステムの改善のプロセスを含むシステムの効果的な適用，並びに顧客要求事項及び適用される法令・規制要求事項への適合の保証を通して，顧客満足の向上を目指す場合.

　この規格の要求事項は，汎用性があり，業種・形態，規模，又は提供する製品及びサービスを問わず，あらゆる組織に適用できることを意図している.

　　注記 1　この規格の"製品"又は"サービス"という用語は，顧客向けに意図した製品及びサービス，又は顧客に要求された製品及びサービスに限定して用いる.

　　注記 2　法令・規制要求事項は，法的要求事項と表現することもある.

　　注記 3　この規格の対応国際規格及びその対応の程度を表す記号を，次に示す.

　　　　ISO 9001:2015, Quality management systems—Requirements (IDT)

　　　　　なお，対応の程度を表す記号"IDT"は，**ISO/IEC Guide 21-1** に基づき，"一致している"ことを示す.

(4)　JIS Q 15001:2006 との比較

旧規格の"1 適用範囲"を次に示す．なお，本規格が参考にした箇所に下線を付している.

―――――――――――――――――――――――――――――― JIS Q 15001:2006 ――

1　適用範囲

　この規格は，個人情報を<u>事業の用に供している</u>，あらゆる<u>種類，規模</u>の事業者に適用できる<u>個人情報保護マネジメントシステム</u>に関する要求事項について規定する.

　事業者は，次の事項を行う場合に，この規格を用いることができる.

a) 個人情報保護マネジメントシステムを確立し，実施し，維持し，かつ，改善する.

b) この規格と個人情報保護マネジメントシステムとの適合性について自ら確認し，適合していることを自ら表明する.

c) 組織外部又は本人に，この規格に対する個人情報保護マネジメントシステムの適合性について確認を求める.

d) 外部機関による個人情報保護マネジメントシステムの認証／登録を求める.

1　適用範囲　　　33

　旧規格の"個人情報を事業の用に供している，あらゆる種類，規模の事業者に適用できる"が，"組織が，自らの事業の用に供している個人情報に関する，"に変更された．

　これに伴い，規格本文においても，旧規格で"事業者"として規定されていた用語は"組織"に変更されたが，"この組織は，個人情報の保護に関する法律（平成15年法律第57号）（以下，個人情報保護法という．）に定める個人情報取扱事業者を意味する．"とあるため，"個人情報取扱事業者"となっている．

　旧規格では"事業者"を定めていなかったが，規格において定義のない用語の意味については，辞書に記載される意味や用法に従えばよい．旧規格では，マネジメントシステムを事業者全体で構築する場合を想定しているものの，事業者の一部であっても，それがマネジメントシステム構築の範囲として事業者とみなせる場合には，適用範囲にできた．

　例えば，複数の医療機関の運営が法律上は一つの事業者であるが，それぞれの医療機関が独立していることが明確である場合には，それらの医療機関の一つの範囲をもって事業者とすることができた．また，地方自治体などは民間事業者とは異なるものの，マネジメントシステム構築を行っている機関として，その範囲が明確である場合には，それを事業者とみなすことができた．

　しかし，本規格では，"この組織は，個人情報の保護に関する法律（平成15年法律第57号）（以下，個人情報保護法という．）に定める個人情報取扱事業者を意味する．"と明示されたことにより，組織の範囲は，同法上の個人情報取扱事業者に限定された．そのため，地方自治体などのように，個人情報取扱事業者に該当しない組織は，本規格の適用範囲とはならないことになった．

　また，本規格の適用範囲は個人情報取扱事業者であるから，グループ企業や同一資本の企業等のような複数の個人情報取扱事業者が，同一のマネジメントシステムを構築しているからといって，それら複数の事業者を一つの組織とすることはできない．

　適用範囲が，個人情報保護法における個人情報取扱事業者に限定されることになったことは，改正における変更点となっている．[3]（脚注は次ページを参照）

34　　　第 2 章　JIS Q 15001 の適用範囲と引用規格の解説

　なお，改正個人情報保護法では，事業の用に供する特定の個人の数が 5 000 を超えない小規模事業者に関する個人情報取扱事業者の義務の適用除外が撤廃されている．そのため，旧規格では個人情報取扱事業者に該当せず，個人情報保護法が定める義務が適用されなかった事業者についても，本規格では義務規定が適用されるようになっている．

　旧規格では，規格を利用できる場合について，"1 適用範囲" の中で a)～d) まで列記していた．このうち，b)～d) については，本規格で明記されていない．これは，"1 適用範囲" について他の規格との平仄を合わせたためであり，本規格がそのような用途に利用できないことを意味するものではなく，旧規格と同様に，本規格をそれらの場合にも利用することができる．

2　引用規格

2　引用規格
　この規格が引用する規格はない．

□ 解　説

　本規格の作成で参考にされた JIS Q 27001 は，用語の規格である JIS Q 27000 を引用しているが，本規格は，JIS Q 27000 の用語とその定義のうち，必要なものを "3 用語及び定義" に取り込む形をとっているため，引用規格はない．

　これは，本規格の利用者が，JIS Q 27000 を別途参照することなく規格を読むことができるよう，配慮されたものである．

[*3]　"この組織は，個人情報の保護に関する法律（平成 15 年法律第 57 号）（以下，個人情報保護法という．）に定める個人情報取扱事業者を意味する．" については，本規格の意見受付公告時の原案にはなく改正時に追加された．

第3章　JIS Q 15001 の用語及び定義の解説

　本章では，本規格における"用語及び定義"について解説する．

　JIS における"用語及び定義"の箇条は，要求事項等の箇条と同様，技術的規定要素と位置付けられている．"用語及び定義"には，当該規格で用いられる用語を理解するために必要な定義が規定されている．当該規格の本箇条で用語とその定義を規定する以外に，別の規格で定義されている用語を用いる（引用する）こともできる．なお，用いられた規格は当該規格の"引用規格"となる．

3　用語及び定義

> **3　用語及び定義**
> 　この規格で用いる主な用語及び定義は，個人情報保護法による．その他の主な用語及び定義は，次による．

❐解　説

　本規格で用いられる主な用語は，個人情報保護法に準じているが，それらに加えて，3.1 から 3.46 までの用語を定義している．

　これらのうち，3.1 から 3.38 までの用語とその定義は，JIS Q 27000 を参考にして作成されており，それらの解説については，『ISO/IEC 27001:2013（JIS Q 27001:2014）情報セキュリティマネジメントシステム　要求事項の解説』（中尾康二編著，日本規格協会発行）の"第2章　用語の解説"を参考にすることができる．

　3.1 節で，本規格での用語と JIS Q 27000 での用語における定義に差異がある"3.1 組織""3.5 トップマネジメント""3.8 目的""3.9 リスク""3.15 測定""3.24 結果"の六つの用語について解説する．

36 　　　第 3 章　　JIS Q 15001 の用語及び定義の解説

　残りの 3.39 から 3.46 までの用語とその定義は，本規格に固有のものであり，また旧規格から継承されたものであるため，それら全てについて，旧規格との比較や個人情報保護法との関係を含めて 3.2 節で解説する．

3.1　JIS Q 27000 と差異のある用語

> **3.1**
> **組織**
> 　責任及び権限をもつトップマネジメントが存在し，自らの目的（**3.8**）を達成するため，責任，権限及び相互関係を伴う独自の機能をもつ，個人又は人々の集まり．

───────────────────────────────── JIS Q 27000:2014 ──

> **2.57**
> **組織**（organization）
> 　自らの目的（**2.56**）を達成するため，責任，権限及び相互関係を伴う独自の機能をもつ，個人又は人々の集まり．
> 　　　注記　組織という概念には，法人か否か，公的か私的かを問わず，自営業者，会
> 　　　　　　社，法人，事務所，企業，当局，共同経営会社，非営利団体若しくは協会，
> 　　　　　　又はこれらの一部若しくは組合せが含まれる．ただし，これらに限定される
> 　　　　　　ものではない．

　"3.1 組織"の定義として，JIS Q 27000 での"2.57 組織"の定義に対し，"責任及び権限をもつトップマネジメントが存在し，"が加えられている．

　仮に，個人情報取扱事業者内の一部の組織で個人情報保護マネジメントシステムを構築する場合には，組織の範囲は，保護の対象となる個人情報の取扱いにおいて，適切かつ合理的な範囲でなければならない．規格の適用範囲は，保護の対象とする個人情報をもつシステムにアクセスできる組織の範囲と同一か又はそれより広くなければ，個人情報を適切に保護することはできず，合理的とはいえない．

　例えば，顧客の個人情報について，事業者内の A 部門が管理をしているが，B 部門もその情報にアクセスできる状況において，A 部門だけを組織の範囲とすることは適切ではなく，少なくとも A 部門及び B 部門の両方を範囲とする

必要がある．なぜなら，マネジメントシステムとしての管理策をA部門で実施していても，B部門が実施していなければ，情報を保護することができないからである．

組織の範囲をA部門にするには，A部門以外が保護対象となる個人情報にアクセスできない状況でなければならない．このとき，A部門だけが情報にアクセスできる状況においても，B部門がアクセスできてしまうというリスクが存在する．そのリスクが認識され，受容される場合に限り，組織の範囲はA部門になり得る．そうではなく，組織の範囲がA部門とB部門の両方であれば，仮にB部門がアクセスできないはずの情報にアクセスできた場合には，そのことをB部門がインシデントとしてA部門に報告することなどにより対処できるわけであるが，その対処ができなくなるというリスクが受容されることになるということである．

個人情報取扱事業者の義務は事業者単位で適用されるものであるが，組織の範囲を個人情報取扱事業者全体ではなく一部にする場合には，そのようなリスクがあることに注意しなければならない．

3.5
トップマネジメント
　最高位で組織（**3.1**）を指揮し，管理する個人又は人々の集まり．
　　注記　トップマネジメントは，組織内で，権限を委譲し，資源を提供する力をもっている．

"責任及び権限をもつトップマネジメントが存在し，"の"トップマネジメント"は，JIS Q 27000 と同じ定義であることから，本規格における組織は，責任及び権限をもつトップマネジメントが存在している組織であることを明確にしているという表現の違いがあるが，実質的には JIS Q 27000 と同等である．

3.8
目的
　達成する結果．
　　注記 1　目的は，戦略的，戦術的又は運用的であり得る．

注記2　目的は，様々な領域（例えば，財務，安全衛生，環境）の到達点に関連し
得るものであり，様々な階層［例えば，戦略的レベル，組織全体，プロジ
ェクト単位，製品ごと，プロセス（**3.12**）ごと］で適用できる．

注記3　目的は，例えば，予定された成果，意図，運用基準など，別の形で表現す
ることもできる．また，個人情報保護目的という表現の仕方もある．又
は，同じような意味をもつ別の言葉（**例**　狙い，到達点，目標）で表すこ
ともできる．

注記4　個人情報保護マネジメントシステムの場合，組織は，特定の結果を達成す
るため，内部向け個人情報保護方針と整合のとれた個人情報保護目的を設
定する．

3.24

結果

目的（**3.8**）に影響を与える事象（**3.28**）の結末．

（**JIS Q 27000**:2014 の **2.14** 参照）

注記1　一つの事象が，様々な結果につながることがある．

注記2　結果は，確かなことも不確かなこともある．個人情報保護の文脈におい
て，結果は，通常，好ましくないものである．

注記3　結果は，定性的にも定量的にも表現されることがある．

注記4　初期の結果が，連鎖によって，段階的に増大することがある．

"3.8 目的""3.24 結果"については，それぞれ対応する JIS Q 27000 の用
語と比較して，次のように変更されている．

本規格	JIS Q 27000
個人情報保護マネジメントシステム	情報セキュリティマネジメントシステム
内部向け個人情報保護方針	情報セキュリティ方針
個人情報保護目的	情報セキュリティ目的
個人情報保護	情報セキュリティ

これらの変更は，本規格の分野に合わせて，"情報セキュリティ"を"個人
情報保護"と変更されたものであるため，それぞれの用語の意味は，JIS Q
27000 で定義される用語と変わらない．

3 用語及び定義　　　　　　　　39

> **3.9**
> **リスク**
> 　目的に対する不確かさの影響.
> 　　**注記1**　影響とは,期待されていることから,好ましい方向又は好ましくない方向
> 　　　　　　　にかい(乖)離することをいう.
> 　　**注記2**　不確かさとは,事象(**3.28**),その結果(**3.24**)又はその起こりやすさ
> 　　　　　　　(**3.29**)に関する,情報,理解又は知識が,たとえ部分的にでも欠落して
> 　　　　　　　いる状態をいう.
> 　　**注記3**　リスクは,起こり得る事象(**3.28**),結果(**3.24**)又はこれらの組合せに
> 　　　　　　　ついて述べることによって,その特徴を記述することが多い.
> 　　**注記4**　リスクは,ある事象(周辺状況の変化を含む.)の結果とその発生の起こ
> 　　　　　　　りやすさ(**3.29**)との組合せとして表現されることが多い.

> **3.15**
> **測定**
> 　値を決定するためのプロセス(**3.12**).

　本規格の"3.9 リスク"と比較して JIS Q 27000 の"2.68 リスク"には,
注記5と注記6の二つの注記がある.同様に,"3.15 測定"に対して JIS Q
27000 の"2.48 測定"には注記が一つある.

　これらそれぞれの注記はいずれも ISMS(ISMS ファミリ規格)固有の注記
(注記:定義の補足)であり,したがって,双方の規格におけるそれぞれの用
語の意味は同等である.

3.2　JIS Q 15001 に固有の用語

> **3.39**
> **本人**
> 　個人情報によって識別される特定の個人.

(1)　旧規格との比較

旧規格の"本人"(2.2)においては,"個人情報"には死者が含まれるとして
いた.本規格において"個人情報"の定義については個人情報保護法による
ものとしたため,"本人"の概念においても死者は含まれない.

40 　　　第 3 章　JIS Q 15001 の用語及び定義の解説

(2)　個人情報保護法との関係

個人情報保護法第 2 条第 8 項と同じ表現を採用したものである．

(3)　解　説

上述した通り，本規格において "個人情報" に対しての要求事項について，死者を対象としていないが，本規格の "4.3 個人情報保護マネジメントシステムの適用範囲の決定" に従い，組織の状況に応じて死者を含めて適用させることを妨げるものではない．

3.40

個人情報保護管理者

　トップマネジメントによって組織内部に属する者の中から指名された者であって，個人情報保護マネジメントシステムの計画及び運用に関する責任及び権限をもつ者．

　　注記　"個人情報保護管理者" は，個人情報の取扱いに関する安全管理面だけではなく，組織全体のマネジメントを含む全体の管理者である．

---

(1)　旧規格との比較

旧規格の "個人情報保護管理者"（2.4）においては，"代表者によって事業者の内部の者から指名された者" と規定していたところを "トップマネジメントによって組織内部に属する者の中から指名された者" と変更した．組織を個人情報保護法に定める個人情報取扱事業者としているので，定義上の変更はないと考えてよい．

(2)　個人情報保護法との関係

本規格固有の用語であり，個人情報保護法に定義されているものではない．ただし，"個人情報の保護に関する基本方針"（平成 28 年 10 月 28 日一部変更）の 6(1) "個人情報取扱事業者が取り扱う個人情報に関する事項" において "体制の整備等に積極的に取り組んでいくことが求められている．" と記されているほか，個人情報保護委員会による "個人情報の保護に関する法律についてのガイドライン（通則編）"（平成 29 年 3 月一部改正）の "8（別添）講ずべき安全管理措置の内容" の "8-3 組織的安全管理措置　(1)組織体制の整備" の中でも，"安全管理措置を講ずるための組織体制を整備しなければなら

ない."とされている.

本規格において個人情報保護管理者は,個人情報の取扱いに関する安全管理面だけではなく,組織全体のマネジメントを含む全体の管理者であるとしており,その責任と権限を与えられる者を選定し,指名する必要がある.

(3) 解 説

基本組織を一つの会社とした場合には,個人情報保護管理者の指名権者は代表取締役社長である.指名する際は,辞令を交付するなどのほか,内部において告知するなど,社内手続に則り,正式に行う必要がある.

個人情報保護管理者となり得る者は事業者の内部の者でなければならない.内部の者とは,事業者と直接の雇用関係のある者,又は取締役,執行役としての委任関係にある者をいう(個人情報保護管理者は,事業者の代表者の業務執行を直接補助する立場となるため,会社の役員といえども,会計参与,監査役,理事,監事はその職にふさわしくない.).したがって,外部の有識者や専門家などに委託することはできない.

また,マネジメントレビューにおいて,個人情報保護マネジメントシステムの運用状況をトップマネジメントに報告する立場であることから,他の役員等の直接の指揮命令に服することのない取締役クラスの者を指名することが想定されている.

なお,必ずしも専任であることまでも要求するものではないが,他の業務の責任によって個人情報保護管理者としての責務に妨げを生じないよう,専任であることが望ましい.

個人情報保護管理者の役割は,個人情報保護マネジメントシステムを適法かつ適正に"計画及び運用"を行うことにある.本規格(法令等関連する社会規範の順守を含む.)への適合性を前提とした,個人情報保護方針,内部規程に基づいた"計画及び運用"を行う必要があることから,それを担うだけの力量を有することが求められる.力量については,個人情報保護管理者に対しても,本規格の"7.2 力量"に従って設計され,評価され,文書化された証拠をもつ必要がある.

42　　　　第 3 章　JIS Q 15001 の用語及び定義の解説

なお，個人情報保護管理者の "計画及び運用" の実績は個人情報保護監査責任者の監査対象となる．

3.41

個人情報保護監査責任者

　トップマネジメントによって組織内部に属する者の中から指名された者であって，公平かつ客観的な立場にあり，監査の実施及び報告を行う責任及び権限をもつ者．

---

(1)　旧規格との比較

個人情報保護管理者と同様に，基本組織を一つの法人とした場合には，定義上の変更はないと考えてよい．

(2)　個人情報保護法との関係

本規格固有の用語であり，個人情報保護法に定義されているものではない．

(3)　解　説

基本組織を一つの法人とした場合には，個人情報保護監査責任者の指名権者は事業者の代表者である．指名する際は，個人情報保護管理者と同様に社内手続に則り，正式に行う必要がある．

個人情報保護監査責任者となり得る者は，事業者の内部の者でなければならない．"3.40 個人情報保護管理者" と同様に，原則として，外部の有識者や専門家などに委託することはできない．

個人情報保護監査責任者は，"公平かつ客観的な立場" にあることが求められることから，当然ながら個人情報保護管理者との兼任は許されず，また，個人情報保護管理者の指揮命令下にある者であってはならない．また，個人情報保護管理者の業務を監査することから，個人情報保護管理者と少なくとも同等の職位のものを指名すべきである．

マネジメントが部門単位で機能している場合，監査はその部門単位で全部門に対して行うことになる．個人情報保護監査責任者は，"公平かつ客観的な立場" を維持する必要があることから，個人情報保護マネジメントシステムの運用について，個人情報保護管理者の指揮命令下にない者であって，監査を専任で行えることが望ましい．

3 用語及び定義　　　43

　ただし，小規模な事業者などにおいては，現実的に監査対象となる部門との兼務もやむを得ない場合がある．その場合は，自己の所属部門に対して監査結果に介入することなく監査し，トップマネジメントに報告がなされるように制度的な担保を要する．

　なお，内部監査を実施する監査員については，"9.2 内部監査"に記されるが，個人情報保護監査責任者と監査員の関係は附属書Ａの"A.3.7.2 内部監査"で記される．"個人情報保護監査責任者は，監査員に，自己の所属する部署の内部監査をさせてはならない．"とあるので，個人情報保護監査責任者がこの点を考慮する必要がある．

　個人情報保護監査責任者は，決められた手順に従って個人情報保護マネジメントシステムの本規格への適合状況及び個人情報保護マネジメントシステムの運用状況を少なくとも年一回以上（定期的なもののほかに適宜）の監査を行い，組織のトップマネジメントに報告を行う．

3.42

従業者

　個人情報取扱事業者の組織内にあって直接間接に組織の指揮監督を受けて組織の業務に従事している者などをいい，雇用関係にある従業員（正社員，契約社員，嘱託社員，パート社員，アルバイト社員など）だけでなく，雇用関係にない従事者（取締役，執行役，理事，監査役，監事，派遣社員など）も含まれる．

---

(1)　旧規格との比較

旧規格の箇条2（用語及び定義）には定義がなかったが，規格解説で同様の記載があった．定義上の変更はない．

(2)　個人情報保護法との関係

　個人情報保護法の第21条に"従業者の監督"についての定めがある．従業者の範囲として示すものは，個人情報保護委員会による"個人情報の保護に関する法律についてのガイドライン（通則編）"（平成29年3月一部改正）の"3-3-3 従業者の監督"と同じである．

44　　　　　第3章　JIS Q 15001 の用語及び定義の解説

(3)　解　説

"従業者"については，安全管理措置を遵守させるとともに，業務上秘密と指定された個人データの非開示契約を締結させるなど，組織として監督をしなければならない範囲を示しており，"A.3.4.5 認識"の a)～d)の内容を少なくとも年一回以上（定期的なもののほかに適宜）教育しなければならない範囲とも一致する．

ただし，従業者は一律なものではなく，個人情報が漏えい等をした場合に本人が被る権利利益の侵害の大きさを考慮し，事業の内容及び規模，個人情報の取扱状況等に起因するリスクに応じて，教育訓練の内容は対象ごとに変わるものである．

なお，会社の監査役は取締役等，業務執行者の指揮命令を受けないため，個人情報保護マネジメントシステムにおける教育や監査を受けることを強制できない．この点に配慮する必要がある．

3.43
個人情報保護リスク
　個人情報の取扱いの各局面（個人情報の取得・入力，移送・送信，利用・加工，保管・バックアップ，消去・廃棄に至る個人情報の取扱いの一連の流れ）における，個人情報の漏えい，滅失又はき損，関連する法令，国が定める指針その他の規範に対する違反，想定される経済的な不利益及び社会的な信用の失墜，本人の権利利益の侵害など，好ましくない影響．

---

(1)　旧規格との比較

旧規格の箇条2（用語及び定義）には定義がなかったが，"リスク"とは個人情報の目的外利用のリスクと個人情報の取扱いの各局面におけるリスクとしていた．その点において定義上の変更はない．

(2)　個人情報保護法との関係

本規格固有の用語であり，個人情報保護法に定義されているものではない．ただし，個人情報保護委員会による"個人情報の保護に関する法律についてのガイドライン（通則編）"（平成29年3月一部改正）の"8（別添）講ずべき安全管理措置の内容"において，"安全管理措置を講ずるための具体的な手法

については，個人データが漏えい等をした場合に本人が被る権利利益の侵害の大きさを考慮し，事業の規模及び性質，個人データの取扱状況（取り扱う個人データの性質及び量を含む．），個人データを記録した媒体の性質等に起因するリスクに応じて，必要かつ適切な内容とすべきものである”とされている（注　下線は筆者による．）．

なお，同ガイドラインでの"8-2 個人データの取扱いに係る規律の整備"では"個人データの取扱規程の策定"について，"取得，利用，保存，提供，削除・廃棄等の段階ごと"と例示している．

(3) 解 説

"個人情報の取扱いの各局面"については，個人情報が含まれる媒体ごとに"取得・入力，移送・送信，利用・加工，保管・バックアップ，消去・廃棄に至る"までの各局面を捉えて，適正な保護措置を講じない場合に想定されるリスクを洗い出し，洗い出したリスクを評価することが必要である．さらに，洗い出したリスクに対しては，その評価に相応した合理的な対策を講じなければならない．なお，取得・入力から消去・廃棄に至るまでの流れが同じで，紙媒体・可搬電子媒体・非可搬電子媒体などといった種別も同じ媒体については，まとめてリスクの評価を行うことが合理的である．

また，個人情報の目的外利用に対する対策の必要性から，目的外利用を防止するため，案件ごとに個人情報の利用目的を台帳管理するとともに，目的外利用となるかどうか不明な際に個人情報保護管理者の確認をとるための手順を確立することも必要である．

個人情報保護リスクは，固定的なものでも普遍的なものでもないため，"4.1 組織及びその状況の理解"が重要となる．個人情報の取扱いを委託される立場においては，個人データとならない個人情報に関しても安全管理策が期待されるところであるだろう．また，委託先に取り扱わせる情報に個人データが含まれるか否かを知らせることなく預ける場合には，一定の委託先監督が難しいと考えられるが，当該委託先が管理するサーバに対する第三者の抵当権が設定されることへの対抗処置は必要であろう．

46 第 3 章 JIS Q 15001 の用語及び定義の解説

このように，組織において個人情報保護リスクは変動するものと捉える必要がある．

3.44

緊急事態

個人情報保護リスク（**3.43**）の脅威（**3.35**）が顕在化した状況．

---

(1) 旧規格との比較

旧規格の箇条 2（用語及び定義）には定義がなかった．

(2) 個人情報保護法との関係

本規格固有の用語であり，個人情報保護法に定義されているものではない．

個人情報保護委員会では"個人データの漏えい等の事案が発生した場合等の対応について"（平成 29 年個人情報保護委員会告示第 1 号）を告示しているが，その対象は次のいずれかに該当する事案（漏えい等事案）を対象とするとしている．

---

1. 対象とする事案

本告示は，次の(1)から(3)までのいずれかに該当する事案（以下"漏えい等事案"という．）を対象とする．

(1) 個人情報取扱事業者が保有する個人データ（特定個人情報に係るものを除く．）の漏えい，滅失又は毀損

(2) 個人情報取扱事業者が保有する加工方法等情報（個人情報の保護に関する法律施行規則（平成 28 年 10 月 5 日個人情報保護委員会規則第 3 号）第 20 条第 1 号に規定する加工方法等情報をいい，特定個人情報に係るものを除く．）の漏えい

(3) 上記(1)又は(2)のおそれ

しかし，本規格では"個人情報保護リスク"（**3.43**）の"脅威"（**3.35**）の顕在化を"個人データの漏えい等"に限定していない．

(3) 解 説

緊急事態に該当するかどうかを特定するための手順は，附属書 A の"A.3.3.7 緊急事態への準備"に従って組織で定める必要がある．

必ずしも全ての事案がシステム又は組織に損害を与える可能性があるものではないが，次のいずれかに該当する事案については組織として集約しなければ

3 用語及び定義 47

ならない．その上で，システム又は組織に損害を与える可能性が顕在化した状況のものを緊急事態として特定できる手順と，特定した緊急事態にどのように対応するかの手順を備えることになる．

- ・漏えい
- ・紛失
- ・滅失，き損
- ・改ざん，正確性の未確保
- ・不正／不適正取得
- ・目的外利用・本人同意のない第三者への提供（ただし書きに該当する場合を除く．）
- ・不正利用
- ・開示等の求め等の拒否／法令が定める期限を超える対応の遅れ（ただし書きに該当する場合を除く．）
- ・上記いずれかのおそれ

3.45

個人情報保護

組織が，自らの事業の用に供する個人情報について，その有用性及び個人の権利利益に配慮しつつ，保護すること．

（1） 旧規格との比較

旧規格の箇条2（用語及び定義）には定義がなかったが，"個人情報保護マネジメントシステム"（2.7）で，"事業者が，自らの事業の用に供する個人情報について，その有用性に配慮しつつ，個人の権利利益を保護するための"と定義されていた．その点において定義上の変更はない．

（2） 個人情報保護法との関係

"個人情報の保護に関する基本方針"（平成28年10月28日一部変更）の冒頭において，個人情報保護法の目的として，"個人情報の適正かつ効果的な活用が新たな産業の創出並びに活力ある経済社会及び豊かな国民生活の実現に資するものであることその他の個人情報の有用性に配慮しつつ，個人の権利利益

48　　　　第 3 章　JIS Q 15001 の用語及び定義の解説

を保護する”と記されている.

（3）　解　説

個人情報は，個人の日常の活動の中から生まれてくるものであって，それに価値があることがわかれば，自ずとその個人の権利利益の保護をもって返す必要があることもわかるはずである.

その場合に，個人情報が血縁者にも影響を及ぼす可能性のある情報であれば，血縁者の権利利益の保護にまで配慮することは当然であり，個人情報保護の捉え方は，事業の内容及び規模，個人情報の取扱状況等によって変化するものである.

3.46
リスク所有者
　リスク（**3.9**）を運用管理することについて，アカウンタビリティ及び権限をもつ人又は主体.
　（**JIS Q 27000**:2014 の **2.78** 参照）

（1）　旧規格との比較

旧規格の箇条 2（用語及び定義）には定義がなかった.

（2）　個人情報保護法との関係

本規格固有の用語であり，個人情報保護法に定義されているものではない.ただし，個人情報保護委員会による“個人情報の保護に関する法律についてのガイドライン（通則編）”（平成 29 年 3 月一部改正）の“8（別添）講ずべき安全管理措置の内容”の“8-3 組織的安全管理措置”において，“組織体制として整備する項目の例”として“個人データの取扱いに関する責任者の設置及び責任の明確化”を挙げている.

（3）　解　説

“リスク所有者”とは，リスク管理及び説明の責任・権限をもつ者（又は組織）をいう.本規格では，個人情報保護管理者を定めることを要求しているが，不正アクセスやシステムに障害に関わるリスクについて，リスク所有者を情報システム部門とすることなどが考えられる.

第4章　JIS Q 15001 の要求事項の解説

本章では，個人情報保護マネジメントシステムに関する要求事項である箇条4から箇条10について，必要に応じて，本規格の主旨や旧規格との比較を交え，個人情報保護法をはじめとした関連する法令や国が定める指針などを引用しながら逐条的に解説する．

4　組織の状況

4.1　組織及びその状況の理解

> **4　組織の状況**
>
> **4.1　組織及びその状況の理解**
>
> 　組織は，組織の目的に関連し，かつ，その個人情報保護マネジメントシステムの意図した成果を達成する組織の能力に影響を与える，外部及び内部の課題を決定しなければならない．

❏ **解　説**

　"個人情報保護"とは，自らの事業の用に供する個人情報について，その有用性及び個人の権利利益に配慮しつつ，保護することをいい，個人情報保護の捉え方は，事業の内容及び規模，個人情報の取扱状況等によって変化するものである．

　旧規格では，3.3.2（法令，国が定める指針その他の規範）において，"個人情報の取扱いに関する法令，国が定める指針その他の規範"を理解することを求めており，"4.1 組織及びその状況の理解"が規定する"外部の課題"の一つとなる．また，その他の"外部及び内部の課題"については，旧規格では3.9（事業者の代表者による見直し）でインプットされていた．

50 　第 4 章　JIS Q 15001 の要求事項の解説

　組織における個人情報保護が組織の目的に一致することでマネジメントシステムが有効なものとなる．"個人情報保護マネジメントシステムの意図した成果"とは，本規格に適合することで，個人情報を適切に管理しているという信頼を利害関係者に与えることである．

　個人情報保護の捉え方は，事業の内容及び規模，個人情報の取扱状況等によって変わるが，死者の情報の適正な取扱いと管理が必要であると判断されるかどうかも，この 4.1 の結果から生じるものである．また，"A.3.3.1 個人情報の特定"において特定した個人情報については，"A.3.3.3 リスクアセスメント及びリスク対策"を踏まえて個人データと同様に取り扱わなければならないとしているが，これも同様に 4.1 の結果が影響する．"A.3.4.4.1 個人情報に関する権利"において"組織は，保有個人データに該当しないが，本人から求められる利用目的の通知，開示，内容の訂正，追加又は削除，利用の停止，消去及び第三者への提供の停止の請求などの全てに応じることができる権限を有する個人情報についても，保有個人データと同様に取り扱わなければならない．"とする箇所も同様である．

　本規格の"6.1 リスク及び機会に対処する活動"では，4.1 に規定する課題を考慮してリスク及び機会を決定することとしている．4.1 の"外部及び内部の課題"については，旧規格の運用にならって"9.3 マネジメントレビュー"でインプットされるものと考えてよい．

　必要な管理策の見落としがないことを確実にするためには，附属書 A に示す管理策"A.3.3.2 法令，国が定める指針その他の規範"を参照し，個人情報の取扱いに関する計画を策定する必要がある．

4.2　利害関係者のニーズ及び期待の理解

4.2　利害関係者のニーズ及び期待の理解
　組織は，次の事項を決定しなければならない．
a)　個人情報保護マネジメントシステムに関連する利害関係者
b)　その利害関係者の，個人情報保護に関連する要求事項

4 組織の状況　　　　51

> 注記　利害関係者の要求事項には，法的及び規制の要求事項並びに契約上の義務
> を含めてもよい．

❏ 解　説

　旧規格では，利害関係者からの個人情報保護に関連する要求事項は，3.9（事業者の代表者による見直し）でインプットされていた．

　組織は，個人情報保護マネジメントシステムに関わりを有する利害関係者を決定する必要がある．個人情報保護における利害関係者としては，例えば，次のものが考えられる．

- ・本人
- ・個人情報の取扱いの委託元
- ・個人情報を共同利用する先
- ・個人情報の取扱いの委託先
- ・株主・出資者
- ・監査法人・審査機関等の第三者機関
- ・従業者

組織は，法令に定められているものや取引先との契約上の義務を含めて，先に決定した利害関係者が，自組織の個人情報保護に対してどのようなことを要求しているのか，何を期待しているのかを考える必要がある．

4.3　個人情報保護マネジメントシステムの適用範囲の決定

> **4.3　個人情報保護マネジメントシステムの適用範囲の決定**
> 　組織は，個人情報保護マネジメントシステムの適用範囲を定めるために，その境界及び適用可能性を決定しなければならない．
> 　この適用範囲を決定するとき，組織は，次の事項を考慮しなければならない．
> a）　**4.1** に規定する外部及び内部の課題
> b）　**4.2** に規定する要求事項
> c）　組織が実施する活動と他の組織が実施する活動との間のインタフェース及び依存関係
> 　個人情報保護マネジメントシステムの適用範囲は，文書化した情報として利用可能な状態にしておかなければならない．

□ 解　説

　組織は，個人情報保護マネジメントシステムを構築する際に，組織の境界線を明確にした上で，マネジメントシステムの中で管理する個人情報を明確にする必要がある．

　旧規格では，一つの事業者を一つのマネジメントシステムの適用範囲としており，そのことは3.2（個人情報保護方針）によって文書化されていた．

　また"外部及び内部の課題"及び"利害関係者からの個人情報保護に関連する要求事項"については，旧規格では3.9（事業者の代表者による見直し）でインプットされていた．その結果を反映して，旧規格では3.3.1（個人情報の特定）によって自らの事業の用に供する全ての個人情報を特定しており，台帳として文書化もされていた．しかし，"個人情報保護法では個人情報に該当していない'個人に関する情報'"までも個人情報保護マネジメントシステムで管理することを可能とするか否かの解釈については，自由度が低い規格となっていた．

　"組織"とは，"個人情報の保護に関する法律（平成15年法律第57号）（以下，個人情報保護法という．）に定める個人情報取扱事業者を意味する．"との記載が"1 適用範囲"で登場するので，一つの事業者が一つの個人情報保護マネジメントシステムの適用範囲となる（地方自治体における学校や，大企業が経営者となる病院などで独立性が担保されている場合には，一つの組織として本規格を当てはめることが考えられる．）．

　また，"外部及び内部の課題"及び"利害関係者からの個人情報保護に関連する要求事項"を考慮して，例えば，死者の情報の適正な取扱いと管理が必要であると判断した組織においては，個人情報保護マネジメントシステムの適用範囲に死者の情報が含まれることを文書化する必要がある．

　必要な管理策の見落としがないことを確実にするためには，"A.3.3.1 個人情報の特定"を参照し，個人情報の取扱いに関する計画を策定する必要がある．

4.4　個人情報保護マネジメントシステム

> **4.4　個人情報保護マネジメントシステム**
>
> 　組織は，この規格の要求事項に従って，個人情報保護マネジメントシステムを確立し，実施し，維持し，かつ，継続的に改善しなければならない．

❏ 解　説

　"外部及び内部の課題"及び"利害関係者からの個人情報保護に関連する要求事項"も変化すれば，"事業の内容及び規模"や"個人情報の取扱状況等"も変化するものである．組織の状況に合わせて有効なものにするためには，年度の計画・運用・パフォーマンス評価・改善（PDCA）を回していく必要がある．

　旧規格では，3.1（一般要求事項）において定められており，改善は繰り返し行われるものとして本規格では"継続的に改善"と変更された．

　"個人情報保護マネジメントシステム"とは，実際に組織内で機能している仕組みそのものをいい，内部規程だけでなく資源も含めた全体を指す．

5 リーダーシップ

5.1 リーダーシップ及びコミットメント

> **5 リーダーシップ**
> **5.1 リーダーシップ及びコミットメント**
> 　トップマネジメントは，次に示す事項によって，個人情報保護マネジメントシステムに関するリーダーシップ及びコミットメントを実証しなければならない．
> **a)** 内部向け個人情報保護方針及び個人情報保護目的を確立し，それらが組織の戦略的な方向性と両立することを確実にする．
> **b)** 組織のプロセスへの個人情報保護マネジメントシステム要求事項の統合を確実にする．
> **c)** 個人情報保護マネジメントシステムに必要な資源が利用可能であることを確実にする．
> **d)** 有効な個人情報保護マネジメント及び個人情報保護マネジメントシステム要求事項への適合の重要性を利害関係者に伝達する．
> **e)** 個人情報保護マネジメントシステムがその意図した成果を達成することを確実にする．
> **f)** 個人情報保護マネジメントシステムの有効性に寄与するよう人々を指揮し，支援する．
> **g)** 継続的改善を促進する．
> **h)** その他の関連する管理層がその責任の領域においてリーダーシップを実証するよう，管理層の役割を支援する．

❏ **解　説**

　個人情報保護マネジメントシステムを構築して運用していくには，トップダウンでの取組みが必要である．"コミットメント"とは"誓約"と同義である．

　旧規格では，"事業者の代表者の責務"について，3.2（個人情報保護方針），3.3.4（資源，役割，責任及び権限），3.9（事業者の代表者による見直し）の3か所において定めていた．個人情報保護マネジメントシステムの適用範囲を一つの事業者とする場合には，同じ内容が要求されている．

　例えば，個人情報保護マネジメントシステムの適用範囲を一つの会社とした場合には"トップマネジメント"とは代表取締役社長と考えるのがふさわしい．その場合，社長は"5.1 リーダーシップ及びコミットメント"のa)〜h)

5 リーダーシップ　　　55

について自らの責任で行うとともに，内部及び外部に対する"誓約"を果たす必要がある.

なお，"〜を確実にする."と記されている a), b), c), e)については，トップマネジメントはそのための体制を敷く役割を求められており，適切な権限委譲を行って実行させることが重要である．一方，d), f), g), h)については，権限委譲はできず，トップマネジメント自らが実行する必要がある.

トップマネジメントは，マネジメントレビューにおいてその結果を見直すこととなる.

5.2　方針

> **5.2　方針**
> **5.2.1　内部向け個人情報保護方針**
> 　トップマネジメントは，次の事項を満たす内部向け個人情報保護方針を確立しなければならない.
> **a)** 　組織の目的に対して適切である.
> **b)** 　個人情報保護目的（**6.2** 参照）を含むか，又は個人情報保護目的の設定のための枠組みを示す.
> **c)** 　個人情報保護に関連する適用される要求事項を満たすことへのコミットメントを含む.
> **d)** 　個人情報保護マネジメントシステムの継続的改善へのコミットメントを含む.
>
> 　内部向け個人情報保護方針は，次に示す事項を満たさなければならない.
> **e)** 　文書化した情報として利用可能である.
> **f)** 　組織内に伝達する.
> **g)** 　必要に応じて，利害関係者が入手可能である.
>
> **5.2.2　外部向け個人情報保護方針**
> 　トップマネジメントは，次の事項を満たす外部向け個人情報保護方針を文書化し，一般の人が知り得るようにしなければならない.
> **a)** 　**5.2.1** で確立した内部向け個人情報保護方針に対して矛盾しない.

❑ 解　説

個人情報保護マネジメントシステムが，トップダウンでの取組みである以

上，トップマネジメント自らが，自組織の個人情報保護目的を踏まえ，組織がどうあるべきかを個人情報保護方針によって方向付けをする必要がある．

旧規格では，3.2（個人情報保護方針）において定めていた．本規格では，組織は，内部向け方針と外部向け方針を別にするか同一にするかを選択することができ，柔軟な管理ができるようになっている．

"5.2.1 内部向け個人情報保護方針"は，内部向け個人情報保護方針として5.2.1 の a)～g)を満たす内容となる方針の確立を求めており，"5.2.2 外部向け個人情報保護方針"では，外部向け個人情報保護方針を文書化し，一般の人が知り得るようにすることを求めている．このとき，本規格は，内部向け個人情報保護方針そのものを，文書化して一般の人が知り得るようにすることは求めておらず，5.2.2 の a)により，内部向けと矛盾しない文書を外部向けとすることを求めている．したがって，組織は，内部向け方針と外部向け方針を別にするか同一にするかを選択することができ，柔軟な管理ができるようにしている．

必要な管理策の見落としがないことを確実にするためには，"A.3.2.1 内部向け個人情報保護方針"及び"A.3.2.2 外部向け個人情報保護方針"を参照し，個人情報保護の理念を明確にし，公表する必要がある．

なお，個人情報保護法では，"利用目的の公表"（第 18 条 1 項）など個人情報取扱事業者に対して，いくつか公表を義務付けている事項（法定公表事項）がある．個人情報保護方針とは異なるものであるが，本人，その他一般関係者の利便性を考慮し，両者を併せて公表することを検討すべきであろう．これについては，附属書 B の"表 B.1—表示事項整理表"で示されているので，本規格票を参考にされたい．

5.3 組織の役割，責任及び権限

5.3 組織の役割，責任及び権限

トップマネジメントは，個人情報保護に関連する役割に対して，責任及び権限を割り当て，利害関係者に伝達することを確実にしなければならない．

5　リーダーシップ

> トップマネジメントは，次の事項に対して，責任及び権限を割り当てなければならない．
> **a)** 個人情報保護マネジメントシステムが，この規格の要求事項に適合することを確実にする．
> **b)** 個人情報保護マネジメントシステムのパフォーマンスをトップマネジメントに報告する．
>> 注記　トップマネジメントは，個人情報保護マネジメントシステムのパフォーマンスを組織内に報告する責任及び権限を割り当ててもよい．

❑ 解　説

　個人情報保護マネジメントシステムを構築して運用していくには，トップダウンでの取組みが必要である．旧規格においても "事業者の代表者の責務" については，3.2（個人情報保護方針）と 3.3.4（資源，役割，責任及び権限），3.9（事業者の代表者による見直し）の 3 か所で定められていたが，そのうちの 1 か所に相当する．旧規格の 3.3.4 と同じ内容が要求されていると考えてよい．

　トップマネジメントは，個人情報保護マネジメントシステムが適正に運用されるために必要な体制を作り，権限を与え，要員を配置し，予算措置，ファシリティ，資産，備品の用意等を講じるなど，適切な経営資源の配分を行う責任を有しており，マネジメントを行う上で不可欠な経営資源を整えるよう適切に指示することが必要である．

　必要な管理策の見落としがないことを確実にするためには，"A.3.3.4 資源，役割，責任及び権限" を参照し，個人情報の取扱いに関する計画を策定する必要がある．

58 第 4 章 JIS Q 15001 の要求事項の解説

6 計画

6.1 リスク及び機会に対処する活動

---

6 計画

6.1 リスク及び機会に対処する活動

6.1.1 一般

　個人情報保護マネジメントシステムの計画を策定するとき，組織は，**4.1** に規定する課題及び **4.2** に規定する要求事項を考慮し，次の事項のために対処する必要があるリスク及び機会を決定しなければならない．

a) 個人情報保護マネジメントシステムが，その意図した成果を達成できることを確実にする．

b) 望ましくない影響を防止又は低減する．

c) 継続的改善を達成する．

　組織は，次の事項を計画しなければならない．

d) 上記によって決定したリスク及び機会に対処する活動

e) 次の事項を行う方法

　1) その活動の個人情報保護マネジメントシステムプロセスへの統合及び実施

　2) その活動の有効性の評価

❏ **解　説**

　本箇条は，個人情報を取り扱うための必要な対策を講じる手順を，計画として確立することを求めるものである．

　旧規格においては，3.3.3（リスクなどの認識，分析及び対策）でリスクの例示として "個人情報の漏えい，滅失又はき損，関連する法令，国が定める指針その他の規範に対する違反，想定される経済的な不利益及び社会的な信用の失墜，本人への影響などのおそれ" が挙げられていた．また，3.3.6（計画書）で "計画の立案，文書化，その維持" が挙げられていた．

　旧規格の利用者は，本規格ではリスク（マイナス指向のおそれ）への対応だけでなく，機会（プラス指向の可能性）への対応についても言及されていることを気に留めておくとよい．

　計画（"6.1.1 一般"）を立案するに当たって考慮すべき事項がここに集約さ

れている.

"4.1 組織及びその状況の理解"は組織自らの課題認識であるとともに，組織が置かれた状況を確認する課題認識である．"4.2 利害関係者のニーズ及び期待の理解"は組織を取り巻く利害関係者が，より具体的に組織に要請している課題の理解である．これらを踏まえて，組織としてのリスク及び機会を決定し，対応への計画を立案することが，個人情報保護マネジメントシステムにおける，より具体的な計画となっていく．

6.1.1 の a)〜c)は，組織をスパイラルアップ（好循環）によって漸進的に，より高みに引き上げることを意図した，計画策定に際して対処すべき要求事項である．d)，e)は，策定する計画に含まれるべき要素である．

ここで明らかなように，"計画"とは，単にスケジュール立案のみを意味しない．組織の目標を具体化するための計画であり，かつ，その計画にはスパイラルアップ（好循環）のための要素が盛り込まれていることが必要である．また，組織自らの計画であると同時に，内容においては利害関係者の要請への対応の方向性が含まれている必要がある．

これらを考慮して，必要な対応策を計画することが本質的な要求事項の意味であり，旧規格の 3.3.6 で例示されているような"教育，監査などの計画"を狭く解釈して，単なる教育計画・監査計画（さらには，それらのスケジュール）さえ立案すればよいと理解するのは誤謬である．

6.1.2　個人情報保護リスクアセスメント

組織は，次の事項を行う個人情報保護リスクアセスメントのプロセスを定め，適用しなければならない．

a)　次を含む個人情報保護のリスク基準を確立し，維持する．

　1)　リスク受容基準

　2)　個人情報保護リスクアセスメントを実施するための基準

b)　繰り返し実施した個人情報保護リスクアセスメントに，一貫性及び妥当性があり，かつ，比較可能な結果を生み出すことを確実にする．

c)　次によって個人情報保護リスクを特定する．

　1)　個人情報保護マネジメントシステムの適用範囲内における個人情報の不適切な取

扱いに伴うリスクを特定するために，個人情報保護リスクアセスメントのプロセスを適用する．

2) これらのリスク所有者を特定する．

d) 次によって個人情報保護リスクを分析する．

1) **6.1.2 c)1)**で特定されたリスクが実際に生じた場合に起こり得る結果についてアセスメントを行う．

2) **6.1.2 c)1)**で特定されたリスクの現実的な起こりやすさについてアセスメントを行う．

3) リスクレベル（リスクの大きさ）を決定する．

e) 次によって個人情報保護リスクを評価する．

1) リスク分析の結果と **6.1.2 a)**で確立したリスク基準とを比較する．

2) リスク対応のために，分析したリスクの優先順位付けを行う．

組織は，個人情報保護リスクアセスメントのプロセスについての文書化した情報を保持しなければならない．

□ 解 説

旧規格では，"リスクアセスメント"が説明されていなかった．概念としては旧規格の 3.3.3（リスクなどの認識，分析及び対策）の"リスクなどの認識"がこれに対応すると考えられるが，本規格では，その内容をさらに詳細に展開した記述となっている．

形の上では，JIS Q 27001 の"6.1.2 情報セキュリティリスクアセスメント"をほぼ踏襲した構成となっている．この点については『ISO/IEC 27001:2013（JIS Q 27001:2014）情報セキュリティマネジメントシステム 要求事項の解説』（中尾康二編著，日本規格協会発行）を参照するとよい．

ただし，c)1)が，JIS Q 27001 では"情報の機密性，完全性及び可用性の喪失に伴うリスク"とされているのに対し，本規格では"個人情報の不適切な取扱いに伴うリスク"となっていることに留意する必要がある．"個人情報の不適切な取扱い"とは，特に本人の権利利益の侵害等考慮する必要があることから，本人との関係など，必ずしも情報セキュリティでいう"機密性，完全性，可用性"だけではカバーできない事項があることを示唆している．例えば，"A.3.4.2.5 A.3.4.2.4 のうち本人から直接書面によって取得する場合の措置"の本人の同意を得ないリスクなどを考慮する必要がある．

6 計　画　　　　　61

　ここは，旧規格の規格解説［3.2.3 リスクなどの認識，分析及び対策（本体の 3.3.3)］においても“リスクを認識”とは“特定した個人情報の取得・入力，移送・送信，利用・加工，保管・バックアップ，消去・廃棄に至る個人情報の取扱いの一連の流れの各局面において，適正な保護措置を講じない場合に想定されるリスクを洗い出すことであり，リスクを‘分析’するとは，洗い出したリスクを定性的な評価などによって評価することである.”と説明されていた．本規格では，これを否定するものではない.

　リスク分析のための手順（プロセス）の確立も含め，旧規格より具体的な要求事項となった．旧規格の利用者はこのことを考慮して，リスク分析のための手順をより高度化することが求められていると理解してよい.

　ただし，一足飛びに改善しなければいけないというものではなく，組織の実情に応じたマネジメントシステムの中に組み込んで，一層の改善の方向を目指す内容となっていると理解するのが現実的な解釈であろう.

6.1.3　個人情報保護リスク対応

　組織は，次の事項を行うために，個人情報保護リスク対応のプロセスを定め，適用しなければならない.

a）リスクアセスメントの結果を考慮して，適切な個人情報保護リスク対応の選択肢を選定する.

b）選定した個人情報保護リスク対応の選択肢の実施に必要な全ての管理策を決定する.

　　注記　組織は，必要な管理策を設計するか，又は任意の情報源の中から管理策を特定することができる.

c）6.1.3 b）で決定した管理策を**附属書 A** に示す管理策と比較し，必要な管理策が見落とされていないことを検証する.

　　注記1　**附属書 A** は，管理目的及び管理策の包括的なリストである．この規格の利用者は，必要な管理策の見落としがないことを確実にするために，**附属書 A** を参照する.

　　注記2　管理目的は，管理策に暗に含まれている．**附属書 A** に規定した管理目的及び管理策は，全てを網羅してはいないため，追加の管理目的及び管理策が必要となる場合がある.

d）個人情報保護リスク対応計画を策定する.

62 第4章　JIS Q 15001 の要求事項の解説

e)　個人情報保護リスク対応計画及び残留している個人情報保護リスクの受容について，リスク所有者の承認を得る．

　組織は，個人情報保護リスク対応のプロセスについての文書化した情報を保持しなければならない．

　　注記　この規格の個人情報保護リスクアセスメント及びリスク対応のプロセスは，
　　　　JIS Q 31000 に規定する原則及び一般的な指針と整合している．

❏ 解　説

　旧規格では，"リスク対応"が説明されていなかった．旧規格の 3.3.3（リスクなどの認識，分析及び対策）の"必要な対策を講じる"が，概念としてこれに対応すると考えられるが，本規格ではその内容をさらに詳細に展開した記載となっている．

　形の上では，JIS Q 27001 の"6.1.3 情報セキュリティリスク対応"をほぼ踏襲した構成となっている．したがって，これに関する解説等を参照することが考えられる．

　ただし，JIS Q 27001 の 6.1.3 d)では"d) 次を含む適用宣言書を作成する．"（後略）とされているが，本規格で適用宣言書の考え方が導入されていないのは，政策的判断の結果であるが，その際，以下の2点が考慮された．

①　情報セキュリティマネジメントシステムでは，法令遵守とは異なる次元で，組織における情報資産の保護のための対応策を検討することが求められるのに対し，個人情報保護マネジメントシステムでは保護の対象が，広く集められた個人情報であって，これを保護するためのいわば管理策が個人情報保護法である．

　　本規格の附属書Aは，事実上，個人情報保護法の各条項を織り込んでいるので，組織が，附属書Aの各箇条の適用を選択する（言い換えると，附属書Aの中の特定の管理策を除外する）ことは適切でない．

②　本規格を用いた認証システム（マーク・シール制度等）において，"適用宣言書"までを読み，理解しないと認証範囲等が明らかにならないのでは，消費者保護の観点からみて妥当でない．

6 計 画 63

ただし，個々に取り扱うことになる個人情報によっては，JIS Q 27001 の適用宣言書の考え方がより有効である場合もあろう．例えば，受託で取り扱う個人情報などはその典型である．こうした場合に，委託元と委託先の組織間で，適用宣言書の考え方に基づいて受委託のサービスレベルを決定（合意）するなどは有効な考え方であり，これも含めて，適用宣言書の概念そのものが否定されているわけではない．

形の上では，適用宣言書に関する点を除き，JIS Q 27001 の "6.1.3 情報セキュリティリスク対応" をほぼ踏襲した構成となっている．したがって，これに関する解説等を参照するとよい．

ここでは，旧規格との関係を解説する．旧規格の規格本文では，単に "必要な対策を講じる" となっていたが，規格解説［3.2.3 リスクなどの認識，分析及び対策（本体の 3.3.3）］において "事業者は，洗い出したリスクに対し，その評価に相応した合理的な対策を講じなければならない．'合理的な対策' とは，事業者の事業内容や規模に応じ，経済的に実行可能な最良の技術の適用に配慮することである．" と説明されていた．本規格では，これらを否定するものではない．

本規格では，リスク対応のための手順（プロセス）の確立も含め，より具体的な手順を含む要求事項となった．旧規格の利用者は，このことを考慮して，本規格ではリスク対応のための手順をより高度化することが求められていると理解してよい．

ただし，"6.1.2 個人情報保護リスクアセスメント" と同様，一足飛びに改善しなければいけないというものではなく，組織の実情に応じたマネジメントシステムの中に組み込んで，一層の改善の方向を目指す内容となっていると理解するのが現実的な解釈であろう．

6.2 個人情報保護目的及びそれを達成するための計画策定

6.2 個人情報保護目的及びそれを達成するための計画策定
組織は，関連する部門及び階層において，個人情報保護目的を確立しなければならな

い.

個人情報保護目的は，次の事項を満たさなければならない.

a) 内部向け個人情報保護方針と整合している.

b) （実行可能な場合）測定可能である.

c) 適用される個人情報保護要求事項，並びにリスクアセスメント及びリスク対応の結果を考慮に入れる.

d) 伝達する.

e) 必要に応じて，更新する.

　組織は，個人情報保護目的に関する文書化した情報を保持しなければならない.

　組織は，個人情報保護目的をどのように達成するかについて計画するとき，次の事項を決定しなければならない.

f) 実施事項

g) 必要な資源

h) 責任者

i) 達成期限

j) 結果の評価方法

❏ 解　説

　旧規格では，3.3.6（計画書）が該当する.

　形の上では，JIS Q 27001 の "6.2 情報セキュリティ目的及びそれを達成するための計画策定" をほぼ踏襲した構成となっている．この点については，本章の 6.1.2 の解説で紹介した解説書を参照するとよい.

　旧規格の 2.7（個人情報保護マネジメントシステム）の "自らの事業の用に供する個人情報について，その有用性に配慮しつつ，個人の権利利益を保護する" を上位の目的として考慮した上で，組織自身の目的としてより具体的に展開することが，ここでいう "個人情報保護目的を確立" することであり，これも計画の要素として具体的な要求事項となった．旧規格の利用者は，このことを考慮して，計画策定を具体化することが求められていると理解する必要がある.

　ただし，"6.1.1 一般" や "6.1.2 個人情報保護リスクアセスメント" と同様，一足飛びに改善しなければいけないというものではなく，組織の実情に応

じたマネジメントシステムの中に組み込んで，一層の改善の方向を目指す内容
となっていると理解するのが現実的な解釈であろう．

7 支援

7.1 資源

```
7 支援

7.1 資源
  組織は，個人情報保護マネジメントシステムの確立，実施，維持及び継続的改善に必
要な資源を決定し，提供しなければならない．
```

❏ 解　説

　旧規格では，3.3.4（資源，役割，責任及び権限）で，事業者の代表者に対する要求事項として記載されており，主語が"事業者の代表者は"であり，述語が"用意しなければならない．"であった．

　形の上では，JIS Q 27001 の"7.1 資源"をほぼ踏襲した構成となっている．この点については，本章の 6.1.2 の解説で紹介した解説書を参照するとよい．

　本規格では，主語が"組織は"と変更されているが，旧規格との内容的な差は特にない．

　旧規格では，事業者の代表者が（組織の規模とは無関係に）あたかも一人で資源を用意すべきであるように読めてしまう欠点（誤解）があったが，主語が変更となったことにより，規模の大きな組織である場合において，より合理的でわかりやすい要求事項（の表現）となった．

7.2 力量

```
7.2 力量
  組織は，次の事項を行わなければならない．
a) 組織の個人情報保護パフォーマンスに影響を与える業務をその管理下で行う人々に
   必要な力量を決定する．
b) 適切な教育，訓練又は経験に基づいて，それらの人々が力量を備えていることを確
   実にする．
c) 該当する場合には，必ず，必要な力量を身につけるための処置をとり，とった処置
```

の有効性を評価する.

d) 力量の証拠として，適切な文書化した情報を保持する.

> **注記** 適用される処置には，例えば，現在雇用している人々に対する，教育訓練の提供，指導の実施，配置転換の実施などがあり，また，力量を備えた人々の雇用，そうした人々との契約締結などもある.

❏ 解 説

旧規格では対応する箇条が明確ではないが，旧規格の 3.3.4（資源，役割，責任及び権限）の第 2 段落以降や 3.3.6（計画書），3.4.3.3（従業者の監督），3.4.5（教育）等が関連する箇条であった.

形の上では，JIS Q 27001 の "7.2 力量" をほぼ踏襲した構成となっている．この点については，本章の 6.1.2 の解説で紹介した解説書を参照するとよい.

a)について，JIS Q 27001 の 7.2 a)では "情報セキュリティパフォーマンス" とされているのに対し，本規格では "個人情報保護パフォーマンス" となっていることに留意する必要がある．大部分は重複すると考えられるが，差異についても考慮すべきである.

例えば，本人との関係［具体例としては "A.3.4.2.5 A.3.4.2.4 のうち本人から直接書面によって取得する場合の措置" や "A.3.4.4 個人情報に関する本人の権利"］など，JIS Q 27001 では規定されていない要求事項の実施に必要な力量の存在を示唆している.

7.3 認識

7.3 認識

組織の管理下で働く人々は，次の事項に関して認識をもたなければならない.

a) 内部向け個人情報保護方針及び外部向け個人情報保護方針

b) 個人情報保護パフォーマンスの向上によって得られる便益を含む，個人情報保護マネジメントシステムの有効性に対する自らの貢献

c) 個人情報保護マネジメントシステム要求事項に適合しないことの意味

□ 解　説

　本箇条は旧規格の 3.2（個人情報保護方針）や 3.4.3.3（従業者の監督），3.4.5（教育）等に関連する箇条である．

　形の上では，JIS Q 27001 の"7.3 認識"をほぼ踏襲した構成となっている．この点については，本章の 6.1.2 の解説で紹介した解説書を参照するとよい．

　本規格及び JIS Q 27001 において，それぞれの箇条の主語は基本的に"組織"であるが，この箇条の主語が"組織の管理下で働く人々"になっていることに留意する必要がある．

　旧規格で関連する箇条では，主語が主に"組織側"となっており"トップダウン的に個人情報保護方針や教育を行うべき"とされ，そして"適切な監督を行うべき"とされていた．

　本規格では，主語を"組織の管理下で働く人々は"として，その上で"認識をもたなければならない"としている．これは単に日本語の文章として視点を変えただけではない．本規格では，人々が認識をもつことが要求事項であることを明確にし，教育はそのための一つの手段として位置付けている．人々が認識をもつためには，教育が効果的な手段となる場合が多いと考えられるが，それ以外の手段が組織にとってより馴染みやすく合理的であれば，その形式に限られない．

　例えば，小さな規模の組織などで，必要なことを日々の業務の中で後輩社員が先輩社員から教わりながら業務をしていることが確実であれば，教育という形式を求めない．そのため，そのように教わることが教育に該当するか否かという判断をする必要がない．

　また，人々が認識をもつための追加的手段として，必要なことを定期的に伝達したりポスターで掲示したりするなどの教育以外の手段も考えられる．

　旧規格でも，教育についてただ実施すればよいということではなく，自覚をさせる仕組みを取り入れるように求めていた．本規格では人々が認識をもつことが目的であることをより簡潔に示している．

7　支　援　　　　69

そのため，教育内容というよりも自覚すべきこととして，個人情報を取り扱う者が個人情報保護マネジメントシステムの要求事項に従わなかった場合，法令違反がないか，個人の権利利益の侵害にならないか等についても認識をもつことが求められている．

7.4　コミュニケーション

> **7.4　コミュニケーション**
> 　組織は，次の事項を含め，個人情報保護マネジメントシステムに関連する内部及び外部のコミュニケーションを実施する必要性を決定しなければならない．
> **a)**　コミュニケーションの内容（何を伝達するか．）
> **b)**　コミュニケーションの実施時期
> **c)**　コミュニケーションの対象者
> **d)**　コミュニケーションの実施者
> **e)**　コミュニケーションの実施プロセス

□ 解　説

　旧規格では，本箇条は旧規格の 3.3.7（緊急事態への準備）に対応することが本規格の附属書 D の "表 D.1—目次対応表" に記されている．広く解釈すれば，3.3.7 に止まらず，3.2（個人情報保護方針）や 3.4.2.4（本人から直接書面によって取得する場合の措置），3.4.2.5（個人情報を 3.4.2.4 以外の方法によって取得した場合の措置），3.4.4（個人情報に関する本人の権利），3.6（苦情及び相談への対応）は本人を含む外部とのコミュニケーションであり，その他の箇条は内部コミュニケーションであり，実施の必要性の検討は不可欠である．

　しかし，本箇条では，緊急事態が生じた場合にあらかじめ備えるという観点から，特に "A.3.3.7 緊急事態への準備" を意識して検討を進めることが必要である．

　形の上では，JIS Q 27001 の "7.4 コミュニケーション" をほぼ踏襲した構成となっている．この点については，本章の 6.1.2 の解説で紹介した解説書を参照するとよい．

70 第 4 章　JIS Q 15001 の要求事項の解説

"コミュニケーション"は，どのような組織でも日常的に実施されていることであり，通常は具体的に意識されることが少ないと思われる．しかし，ここでいう"何を伝達するか．""実施時期""対象者""実施者""実施プロセス"の観点から，個々のコミュニケーションの妥当性を確認することも必要な場合がある．

やり過ぎは適切ではないが，相対的に重要なコミュニケーション，急を要する際のコミュニケーション，また，組織内とのコミュニケーション，組織外とのコミュニケーションなど，視点をもって現状のコミュニケーションの状況を確認し，その実施をいわゆるマネジメントシステムとして見直すことが求められると考えることが妥当である．

7.5　文書化した情報

7.5　文書化した情報

7.5.1　一般

組織の個人情報保護マネジメントシステムは，次の事項を含まなければならない．

a)　この規格が要求する文書化した情報

b)　個人情報保護マネジメントシステムの有効性のために必要であると組織が決定した，文書化した情報

　　　注記　個人情報保護マネジメントシステムのための文書化した情報の程度は，次のような理由によって，それぞれの組織で異なる場合がある．

1)　組織の規模，並びに活動，プロセス，製品及びサービスの種類

2)　プロセス及びその相互作用の複雑さ

3)　個々人の力量

❏ 解　説

旧規格では，"7.5 文書化した情報"に対して，3.5（個人情報保護マネジメントシステム文書）の 3.5.1（文書の範囲），3.5.2（文書管理），3.5.3（記録の管理）が文書管理に関する要求事項であった．

本規格における構成上の変更により，旧規格における箇条 3（要求事項）の内容は，その箇条番号も原則として引き継ぐ形で附属書 A に移された．そのため，"A.3.5.1 文書化した情報の範囲"は旧規格の 3.5.1 に，"A.3.5.2 文書

化した情報（記録を除く．）の管理”は旧規格の 3.5.2 に，“A.3.5.3 文書化した情報のうち記録の管理”は旧規格の 3.5.3 にそれぞれ対応している．

　形の上では，JIS Q 27001 の“7.5 文書化した情報”をほぼ踏襲した構成となっている．この点については，本章の 6.1.2 の解説で紹介した解説書を参照するとよい．

　“7.5.1 一般”では，a)を原則として捉え，b)を組織の規模や実情等による現実的なレベル設定を要求しているものと捉えればよい．この b)の部分に該当する要求事項は旧規格では明確でなかった．

7.5.2　作成及び更新
　文書化した情報を作成及び更新する際，組織は，次の事項を確実にしなければならない．
a)　適切な識別及び記述（例えば，タイトル，日付，作成者，参照番号）
b)　適切な形式（例えば，言語，ソフトウェアの版，図表）及び媒体（例えば，紙，電子媒体）
c)　適切性及び妥当性に関する，適切なレビュー及び承認

❒ **解　説**

　旧規格との関係は“7.5.1 一般”の解説で述べた通りである．

　形の上では，JIS Q 27001 の“7.5.2 作成及び更新”をほぼ踏襲した構成となっている．この点については，本章の 6.1.2 の解説で紹介した解説書を参照するとよい．

7.5.3　文書化した情報の管理
　個人情報保護マネジメントシステム及びこの規格で要求されている文書化した情報は，次の事項を確実にするために，管理しなければならない．
a)　文書化した情報が，必要な時に，必要な所で，入手可能かつ利用に適した状態である．
b)　文書化した情報が十分に保護されている（例えば，機密性の喪失，不適切な使用及び完全性の喪失からの保護）．

　文書化した情報の管理に当たって，組織は，該当する場合には，必ず，次の行動に取

72   第 4 章　JIS Q 15001 の要求事項の解説

り組まなければならない.

c) 配付, アクセス, 検索及び利用

d) 読みやすさが保たれることを含む, 保管及び保存

e) 変更の管理 (例えば, 版の管理)

f) 保持及び廃棄

　個人情報保護マネジメントシステムの計画及び運用のために組織が必要と決定した外部からの文書化した情報は, 必要に応じて, 特定し, 管理しなければならない.

　　注記　アクセスとは, 文書化した情報の閲覧だけの許可に関する決定, 文書化した情報の閲覧及び変更の許可及び権限に関する決定, などを意味する.

❏ 解　説

　旧規格との関係は "7.5.1 一般" の解説で述べた通りである.

　形の上では, JIS Q 27001 の "7.5.3 文書化した情報の管理" をほぼ踏襲した構成となっている. この点については, 本章の 6.1.2 の解説で紹介した解説書を参照するとよい.

8 運用

8.1 運用の計画及び管理

> **8 運用**
> **8.1 運用の計画及び管理**
> 　組織は，個人情報保護要求事項を満たすため，及び **6.1** で決定した活動を実施するために必要なプロセスを計画し，実施し，かつ，管理しなければならない．また，組織は，**6.2** で決定した個人情報保護目的を達成するための計画を実施しなければならない．
> 　組織は，プロセスが計画通りに実施されたという確信をもつために必要な程度の，文書化した情報を保持しなければならない．
> 　組織は，計画した変更を管理し，意図しない変更によって生じた結果をレビューし，必要に応じて，有害な影響を軽減する処置をとらなければならない．
> 　組織は，外部委託したプロセスが決定され，かつ，管理されていることを確実にしなければならない．

❏ **解　説**

　旧規格では，3.4（実施及び運用）の 3.4.1（運用手順）として記載されていたものである．旧規格においては "個人情報保護マネジメントシステムを確実に実施するために，運用の手順を明確にしなければならない." と定められていたにすぎないが，本規格では，個人情報保護マネジメントシステムの運用において必要な事項を明確化するため "個人情報保護要求事項を満たす" こと及び "'6.1 リスク及び機会に対処する活動' で決定した活動を実施するために必要なプロセスを計画し，実施し，かつ，管理" することを運用の計画及び管理において定めることを求めている．

　"8.1 運用の計画及び管理" は，マネジメントシステムに即した運用が確実に実施されるように運用の計画及び管理について必要な手順等を定めるものである．6.1 で決定した活動を実施するために必要なプロセスを計画し，実施し，かつ，管理することが必要である．また，組織は "6.2 個人情報保護目的及びそれを達成するための計画策定" で決定した目的を達成するための計画を実施することが必要である．これらを実施するためには，外部委託したプロセスを含めて管理することが必要となる．

74 第4章　JIS Q 15001 の要求事項の解説

　運用の計画及び管理について定めた手続は，組織として個人情報保護水準が常に一定以上に保たれるように文書化することが求められる．業務上の慣行やモラルなどの不文のルール，担当者の特別に高いスキルなどに依存することなく，明文化されたルールを基礎に，個人情報目的を達成するための計画の見直しを繰り返し行い，活動を継続して実施する必要がある．

8.2　個人情報保護リスクアセスメント

8.2　個人情報保護リスクアセスメント

　組織は，あらかじめ定めた間隔で，又は重大な変更が提案されたか若しくは重大な変化が生じた場合に，**6.1.2 a**）で確立した基準を考慮して，個人情報保護リスクアセスメントを実施しなければならない．

　組織は，個人情報保護リスクアセスメント結果の文書化した情報を保持しなければならない．

❏ 解　説

　旧規格では，3.3.3（リスクなどの認識，分析及び対策）として定められていたものである．

　"8.2 個人情報保護リスクアセスメント"は，個人情報保護リスクアセスメントを実施するに当たって，それを実施するための間隔を事前に定める，又は重大な変更が提案された場合や重大な変化が生じた場合に，"6.1.2 個人情報保護リスクアセスメント"の a）"次を含む個人情報保護のリスク基準を確立し，維持する．"において，"1）リスク受容基準""2）個人情報保護リスクアセスメントを実施するための基準"によって確立した基準を考慮して，個人情報保護リスクアセスメントを実施することを定めるものである．

　また，個人情報保護リスクアセスメントを実施した結果については，文書化した情報を保持することで，その結果を踏まえた評価やレビューを行うことが可能となる．

8.3 個人情報保護リスク対応

> **8.3 個人情報保護リスク対応**
>
> 組織は，個人情報保護リスク対応計画を実施しなければならない．
>
> 組織は，個人情報保護リスク対応結果の文書化した情報を保持しなければならない．

□ 解 説

旧規格では，3.3.3（リスクなどの認識，分析及び対策）として，定められていたものである．

個人情報保護リスク対応は"6.1.3 個人情報保護リスク対応"において具体的に実施すべき対応が示されている．しかし，個人情報保護リスクは個人情報の取扱いの各局面（個人情報の取得・入力，移送・送信，利用・加工，保管・バックアップ，消去・廃棄に至る個人情報の取扱いの一連の流れ）における，個人情報の漏えい，減失又はき損といったリスクに止まらない．関連する法令，国が定める指針その他の規範に対する違反，想定される経済的な不利益及び社会的な信用の失墜，本人の権利利益の侵害等，好ましくない影響が個人情報保護リスクである．

したがって，個人データの漏えい等への対応は継続的に実施することが不可欠であることや，法令やガイドラインなどの遵守すべき規範の見直しにも常に対応が求められるなど，マネジメントシステムを構築した段階における個人情報保護リスク対応は時間の経過や状況の変化によって変容するものである．そのため，そのような状況の変化にも対応できる計画を定めることが求められる．

76   第4章　JIS Q 15001 の要求事項の解説

9　パフォーマンス評価

9.1　監視，測定，分析及び評価

> **9　パフォーマンス評価**
> **9.1　監視，測定，分析及び評価**
>   組織は，個人情報保護パフォーマンス及び個人情報保護マネジメントシステムの有効性を評価しなければならない．
>   組織は，次の事項を決定しなければならない．
> **a)**　必要とされる監視及び測定の対象．これには，個人情報保護プロセス及び管理策を含む．
> **b)**　該当する場合には，必ず，妥当な結果を確実にするための，監視，測定，分析及び評価の方法
> 　　　**注記**　選定した方法は，妥当と考えられる，比較可能で再現可能な結果を生み出すことが望ましい．
> **c)**　監視及び測定の実施時期
> **d)**　監視及び測定の実施者
> **e)**　監視及び測定の結果の，分析及び評価の時期
> **f)**　監視及び測定の結果の，分析及び評価の実施者
>   組織は，監視及び測定の結果の証拠として，適切な文書化した情報を保持しなければならない．

❏ 解　説

　旧規格では，3.7（点検）の 3.7.1（運用の確認）として定められていたものである．

　"9.1 監視，測定，分析及び評価"は，個人情報保護マネジメントシステムが適切に運用されていることを事業者の各部門及び階層において定期的に個人情報保護パフォーマンス及び個人情報保護マネジメントシステムの有効性を評価することについて定めるものである．

　"パフォーマンス評価"とは，組織全体として実施する"9.2 内部監査"とは異なり，各部門及び各階層において行われるものである．各部門及び各階層の管理者は，定期的にマネジメントシステムが適切に運用されているかを確認し，不適合が確認された場合は，その是正処置を行うことが必要である．

9 パフォーマンス評価　　　　　　　　　　77

また，一連のマネジメントシステムの実施結果を受けて行うものではなく，日常業務において気付いた点があればそれを是正するものである．

9.2　内部監査

> **9.2　内部監査**
>
> 　組織は，個人情報保護マネジメントシステムが次の状況にあるか否かに関する情報を提供するために，あらかじめ定めた間隔で内部監査を実施しなければならない．
> **a)**　次の事項に適合している．
> 　**1)**　個人情報保護マネジメントシステムに関して，組織自体が規定した要求事項
> 　**2)**　この規格の要求事項
> **b)**　有効に実施され，維持されている．
>
> 　組織は，次に示す事項を行わなければならない．
> **c)**　頻度，方法，責任及び計画に関する要求事項及び報告を含む，監査プログラムの計画，確立，実施及び維持．監査プログラムは，関連するプロセスの重要性及び前回までの監査の結果を考慮に入れなければならない．
> **d)**　各監査について，監査基準及び監査範囲を明確にする．
> **e)**　監査プロセスの客観性及び公平性を確保する監査員を選定し，監査を実施する．
> **f)**　監査の結果を関連する管理層に報告することを確実にする．
> **g)**　監査プログラム及び監査結果の証拠として，文書化した情報を保持する．

❏ 解　説

旧規格では，3.7.2（監査）として定められていたものである．

"内部監査" とは，個人情報保護マネジメントシステムの整備状況及び運用状況について行うものである．

"9.2 内部監査" は，個人情報保護マネジメントシステムの本規格への適合状況及びその運用状況を定期的に監査することを定め，監査を実施するに当たっては，代表者が個人情報保護監査責任者を指名し，監査を実施するに当たって必要な責任及び権限を与えた上で，当該責任者が監査の実施及び報告を行うことについて定めるものである．

内部監査は，組織内部からの要員によって，又は組織のために働くように外部から選んだ者によって実施してもよい．その際，内部監査を実施する監査員

には，力量があり，かつ，客観的に監査を実施することができる立場にある者を当てることが望ましい.

　小規模な組織における個人情報保護監査責任者が監査員を兼ねる場合，監査対象となる部署と兼務してもよい.

　"結果の報告"とは，トップマネジメントに対する報告をいう．このため，結果の報告に対する改善の指示も，トップマネジメントから受けるとよい．改善の指示をトップマネジメントから受けられない場合は，トップマネジメントによって権限を与えられた者の指示を受けてもよい.

9.3　マネジメントレビュー

9.3　マネジメントレビュー
　トップマネジメントは，組織の個人情報保護マネジメントシステムが，引き続き，適切，妥当かつ有効であることを確実にするために，あらかじめ定めた間隔で，個人情報保護マネジメントシステムをレビューしなければならない.
　マネジメントレビューは，次の事項を考慮しなければならない.
a)　前回までのマネジメントレビューの結果，とった処置の状況
b)　個人情報保護マネジメントシステムに関連する外部及び内部の課題の変化
c)　次に示す傾向を含めた，個人情報保護パフォーマンスに関するフィードバック
　1)　不適合及び是正処置
　2)　監視及び測定の結果
　3)　監査結果
　4)　個人情報保護目的の達成
d)　利害関係者からのフィードバック
e)　リスクアセスメントの結果及びリスク対応計画の状況
f)　継続的改善の機会
　マネジメントレビューからのアウトプットには，継続的改善の機会，及び個人情報保護マネジメントシステムのあらゆる変更の必要性に関する決定を含めなければならない．組織は，マネジメントレビューの結果の証拠として，文書化した情報を保持しなければならない.

❏ 解　説

　旧規格では，3.9（事業者の代表者による見直し）と定められていたものである.

"9.3 マネジメントレビュー"は，事業者による個人情報の適正な取扱いと保護を維持するために，トップマネジメントが定期的に個人情報保護マネジメントシステムを見直すべきことを定めるものである．

"9.1 監視，測定，分析及び評価"や"9.2 内部監査"は，社内の現状のルールを前提にそれが守られているかを確認するものであり，それに基づく改善も現状の枠内に止まるものである．9.3によるトップマネジメントによる見直しは，それに止まらず，外部環境も考慮した上で，現状そのものを根本的に見直すことがあり得る点で，内部監査による改善とは本質的に異なる．

ただし，常にa)～f)の事項をまとめて見直すという必要はなく，見直しは必要に応じて実施されることもある．

10　改善

10.1　不適合及び是正処置

> **10　改善**
>
> **10.1　不適合及び是正処置**
>
> 　不適合が発生した場合，組織は，次の事項を行わなければならない．
>
> **a)** その不適合に対処し，該当する場合には，必ず，次の事項を行う．
>
> 　**1)** その不適合を管理し，修正するための処置をとる．
>
> 　**2)** その不適合によって起こった結果に対処する．
>
> **b)** その不適合が再発しないように又は他のところで発生しないようにするため，次の事項によって，その不適合の原因を除去するための処置をとる必要性を評価する．
>
> 　**1)** その不適合をレビューする．
>
> 　**2)** その不適合の原因を明確にする．
>
> 　**3)** 類似の不適合の有無，又はそれが発生する可能性を明確にする．
>
> **c)** 必要な処置を実施する．
>
> **d)** とった全ての是正処置の有効性をレビューする．
>
> **e)** 必要な場合には，個人情報保護マネジメントシステムの変更を行う．
>
> 　是正処置は，検出された不適合のもつ影響に応じたものでなければならない．
>
> 　組織は，次に示す事項の証拠として，文書化した情報を保持しなければならない．
>
> **f)** 不適合の性質及びとった処置
>
> **g)** 是正処置の結果

❏ 解　説

　旧規格では，3.8（是正処置及び予防処置）と定められていたものである．

　"10.1 不適合及び是正処置"は，本規格の要求を満たしていない状態を不適合とし，是正処置を実施することを定めるものである．なお，旧規格の3.8では"予防処置"に関する記載があったが，本規格では削除されている．その趣旨は，マネジメントシステムの要求事項そのものがリスクに対する予防処置を講じるものであって，不適合に該当する場合に限定して予防処置を実施するものではないというものである．

　"不適合"とは，本規格の要求を満たしていないことをいい，"是正処置"とは，現時点において発生している不適合を是正する処置を実施することをいう．

10 改　善

是正処置は，パフォーマンス評価の結果，緊急事態の発生及び外部機関の指摘などを通じて，不適合が明らかになった場合に行う．不適合の原因が特定されなければ，根本的な解決にはならず，単に目の前の問題に場当たり的に対応する改善で終わってしまい，再発を防ぐことができない．そのため"A.3.8 是正処置"のb)で，不適合の原因を特定し，再発防止のための是正処置を立案した上で，"A.3.1.1 一般"に基づいて，トップマネジメントによって権限を与えられた者による承認を受け，実施するとよい．

是正処置を確実に実施させるために期限を設けることは有効であるが，不適合の内容によっては長期にわたることもあり得る．不適合の内容に相応した期限を設定するとよい．

不適合は，"9.1 監視，測定，分析及び評価"や"9.2 内部監査"の結果，本規格の要求を満たしていないことが明らかになる場合もあれば，個人データの漏えい，滅失又はき損などの緊急事態の発生や，外部機関の指摘等により明らかになることもある．これらの問題が本規格の要求を満たさない状態にあるか否かは事業者が判断するものである．なお，その判断は事業者が認識した不適合の内容に基づいて行われるが，本規格にいう不適合とは，個人情報保護マネジメントシステムにおいて本規格の要求を満たしていないことをいうことから，個人情報保護法に基づいて適法と判断される場合であっても，不適合と判断されることはあり得る．

不適合の原因が特定されなければ，根本的な解決にはならず，現に発生している事案に対する一過的な対応や改善で終わってしまい，再発を防げない．被監査部門は，指摘事項となった不適合の原因を特定した上で，再発防止のための是正処置を立案し，承認を受け，実施する必要がある．

是正処置を確実に実施させるために期限を設けることは有効であるが，不適合の内容によっては，長期にわたることもあり得る．不適合の内容に相応した期限を設定するとよい．

10.2 継続的改善

> **10.2 継続的改善**
>
> 組織は，個人情報保護マネジメントシステムの適切性，妥当性及び有効性を継続的に改善しなければならない．

❏ 解 説

旧規格では，3.1（一般要求事項）として定められていたものである．

本規格は，個人情報の適正な取扱いと保護を実現するために，その適正な管理を実現するための仕組み（マネジメントシステム）を標準化したものである．

係る仕組みは，各組織において，確立し，実施し，維持し，かつ，改善を行っていくべきものと規定されており，個人情報保護マネジメントシステムの適切性，妥当性及び有効性を継続的に改善することが必要である．

第 5 章　JIS Q 15001 の管理目的及び管理策の解説

　本章では，本規格に記載される"附属書 A（規定）管理目的及び管理策"について逐条的に解説する．附属書 A の解説に当たり，より理解が深まるように，附属書 A（規定）を補足説明する"附属書 B（参考）管理策に関する補足"を併載している．

　なお，本規格の附属書 A や附属書 B など，四つの附属書に関しては，本書の 1.4 節（21 ページ）で詳述しているので，参照されたい．

A.3　管理目的及び管理策

A.3.1　一般

A.3.1.1　一般

【附属書 A】

A.3　管理目的及び管理策		
A.3.1　一般 **目的**　個人情報保護マネジメントシステムの運用を行うため．		
A.3.1.1	一般*	この管理策に規定する **A.3.2** から **A.3.8** は，トップマネジメントによって権限を与えられた者によって，組織が定めた手段に従って承認されなければならない．

【附属書 B】

> **B.3.1.1　一般**
> 　"トップマネジメントによって権限を与えられた者"とは，原則として個人情報保護管理者を指す．ただし，承認する案件の軽重は，経営判断を要するものから現場の担当者の判断に任せるものまで様々であり，個人情報保護管理者以外のものが承認する場合もあり得る．

84 第5章 JIS Q 15001 の管理目的及び管理策の解説

　"組織が定めた手段"についても，承認する案件の軽重によって，経営層の決議を要するものから部署内の決裁まで様々であると考えられる．

❑ 解　説

　本項は旧規格の 3.1（一般要求事項）に該当するものである．

　本規格は，個人情報の保護のためのマネジメントシステムを規格化したものである．マネジメントシステムは，"3 用語及び定義"の"3.4 マネジメントシステム"において，"方針（3.7），目的（3.8）及びその目的を達成するためのプロセス（3.12）を確立するための，相互に関連する又は相互に作用する，組織（3.1）の一連の要素."と定義されている．また，JIS Q 27000:2014 の"2.46 マネジメントシステム（management system）"を踏まえて，注記 1（一つのマネジメントシステムは，単一又は複数の分野を取り扱うことができる.），注記 2（システムの要素には，組織の構造，役割及び責任，計画，運用などが含まれる.），注記 3（マネジメントシステムの適用範囲としては，組織全体，組織内の固有で特定された機能，組織内の固有で特定された部門，複数の組織の集まりを横断する一つ又は複数の機能，などがあり得る.）が示されている．

　なお，マネジメントシステムとは，一定の方針の下に"計画（Plan）"を立案し，それに基づき"実施（Do）"し，その実施内容を"点検（Check）"し，そして，全体の"見直し（Act）"を行うという業務のプロセスに着目した管理の仕組みのことをいう．この仕組みを繰り返すことで継続的な改善が行われるよう構成されている（これを"PDCA サイクル"ということがある）．

A.3.2 個人情報保護方針

A.3.2.1 内部向け個人情報保護方針

【附属書 A】

A.3.2 個人情報保護方針* 目的 個人情報保護の理念を明確にし，公表するため．		
A.3.2.1	内部向け個人情報保護方針*	トップマネジメントは，5.2.1 e) に規定する内部向け個人情報保護方針を文書化した情報には次の事項を含めなければならない．
		a) 事業の内容及び規模を考慮した適切な個人情報の取得，利用及び提供に関すること［特定された利用目的の達成に必要な範囲を超えた個人情報の取扱い（以下，"目的外利用" という．）を行わないこと及びそのための措置を講じることを含む．］．
		b) 個人情報の取扱いに関する法令，国が定める指針その他の規範を遵守すること．
		c) 個人情報の漏えい，滅失又はき損の防止及び是正に関すること．
		d) 苦情及び相談への対応に関すること．
		e) 個人情報保護マネジメントシステムの継続的改善に関すること．
		f) トップマネジメントの氏名
		トップマネジメントは，内部向け個人情報保護方針を文書化した情報を，組織内に伝達し，必要に応じて，利害関係者が入手可能にするための措置を講じなければならない．

【附属書 B】

B.3.2 個人情報保護方針

A.3.2 の目的は，組織の個人情報保護の理念を明確にし，公表することであり，この場合の "個人情報保護の理念" とは，当該組織が個人情報保護に取り組む姿勢及び基本的な考え方を指すが，本人の権利利益を尊重する意識を表したものとすることが望ましい．

B.3.2.1 内部向け個人情報保護方針

内部向け個人情報保護方針に，単に "事業内容及び規模を考慮して適切に取り扱います" などと記載したり，A.3.2.1 の a)〜e) の各事項の文言をそのまま記載することは，A.3.2.1 に適合しない．

A.3.2.1 a) においては，"特定された利用目的の達成に必要な範囲を超えた個人情報

86 第5章 JIS Q 15001 の管理目的及び管理策の解説

の取扱い（以下，目的外利用という.）を行わないこと及びそのための措置を講じることを含む"とされているが，これは **A.3.4.2.6** を遵守した対応を求めているものである.

A.3.2.1 b)の"法令，国が定める指針その他の規範"については，**B.3.3.2** に示す.

A.3.2.1 の"利害関係者"には，従業者のほか，例えば，委託先，協業相手などの取引先などが考えられる.

❏ **解　説**

本規格では，個人情報保護方針を内部向けと外部向けで策定することを求めている．旧規格では，3.2（個人情報保護方針）として，単に個人情報保護方針を策定し，公表することを定めていた．

"3.7 方針"を"トップマネジメントによって正式に表明された組織の意図及び方向付け."と定義し，その意図及び方向付けを明確にすることを求めた上で"5.2 方針"では内部向けと外部向けの個人情報保護方針を確立することを求めている．

個人情報の取扱いにおいては，閣議決定された"個人情報の保護に関する基本方針"（平成 30 年 6 月 12 日一部変更）において，対外的に個人情報取扱事業者の個人情報の取扱いに関する方針を公表することを求めている．したがって，個人情報保護マネジメントシステムにおける組織の意図及び方向付けを内部に表明するのみならず，対外的に公表する方針も必要である．

個人情報保護方針に係る本項改正の目的の一つとして，個人情報保護方針として公表される方針の内容が JIS の要求事項を忠実に複製した文言から構成されるものが散見され，いわばコピペ・ポリシーとでも言うべき，形式的な個人情報保護方針が掲載される傾向が見受けられることへの対応であることにも留意すべきである．対外的に表明する個人情報保護方針は当該組織における個人情報の取扱いに関する宣言的な意味合いを有することから，従来からの個人情報保護方針を踏襲した内容の方針を公表することを求めている．

一方，組織内部において，具体的にどのような"方針"に基づいて個人情報の適正な取扱いと保護を実現するのか，形式的な方針ではなく具体的な方針を明確にする必要があることから，本規格においては，個人情報保護方針を内部

向けのものと外部向けのものとに分けて定めており，本項は内部向けの個人情報保護方針に係るものである．

　個人情報保護マネジメントシステムの構築及び運用は個人情報保護方針の策定から始まる．本項はトップマネジメントにおいて個人情報保護の理念を確認し，基本方針を定め，文書化するとともに，組織内部に宣言することを求めるものである．

A.3.2.2　外部向け個人情報保護方針

【附属書 A】

A.3.2.2	外部向け個人情報保護方針*	トップマネジメントは，外部向け個人情報保護方針を文書化した情報には，**A.3.2.1** に規定する内部向け個人情報保護方針の事項に加えて，次の事項も明記しなければならない． a)　制定年月日及び最終改正年月日 b)　外部向け個人情報保護方針の内容についての問合せ先 　トップマネジメントは，外部向け個人情報保護方針を文書化した情報について，一般の人が知り得るようにするための一般の人が入手可能な措置を講じなければならない．

【附属書 B】

> **B.3.2.2　外部向け個人情報保護方針**
>
> 　外部向け個人情報保護方針は，**A.3.2.2** に基づき一般の人が知り得るようにするための措置が求められるため，容易に理解できる表現であることが望ましい．
>
> 　**A.3.2.2** の"一般の人が知り得るようにするための措置"としては，例えば，ウェブサイトによる公開が考えられる．ウェブサイトをもたない場合は，例えば，会社パンフレットに記載し，受付カウンターに自由に持ち帰ることができるように用意しておくとともに，遠方からの問合せに対しては，要望があればすぐに送付する体制を整えておくといった手段で差し支えない．

❏ 解　説

　本項は，旧規格の 3.2（個人情報保護方針）に該当するものである．

　個人情報保護方針の策定と公表の意義は"A.3.2.1 内部向け個人情報保護方針"の解説の通りである．

88   第5章　JIS Q 15001 の管理目的及び管理策の解説

　外部向け個人情報保護方針は，A.3.2.1 の a)〜f)に加えて，"a) 制定年月日及び最終改正年月日""b) 外部向け個人情報保護方針の内容についての問合せ先" も明記した方針である．

　また，外部向け個人情報保護方針を文書化した情報について，一般の人が知り得るようにするための入手可能な措置を講じなければならない．一例として，ウェブサイトのトップページからワンクリックでリンクされたウェブページなどを通じて公表するなどの方法がある．ウェブサイトをもたない場合は，会社パンフレットに記載し，受付カウンター等で自由に持ち帰ることができるように用意しておくとともに，遠方からの問合せに対しては，要望があればすぐに送付する体制を整えておくといった手段が考えられる．

A.3.3　計画

A.3.3.1　個人情報の特定

【附属書 A】

A.3.3　計画		
目的　個人情報の取扱いに関する計画を策定するため.		
A.3.3.1	個人情報の特定*	組織は，自らの事業の用に供している全ての個人情報を特定するための手順を確立し，かつ，維持しなければならない.
		組織は，個人情報の項目，利用目的，保管場所，保管方法，アクセス権を有する者，利用期限，保管期限などを記載した，個人情報を管理するための台帳を整備するとともに，当該台帳の内容を少なくとも年一回，適宜に確認し，最新の状態で維持されるようにしなければならない.
		組織は，特定した個人情報については，個人データと同様に取り扱わなければならない.

【附属書 B】

B.3.3　計画

B.3.3.1　個人情報の特定

　個人情報を特定する場合ある情報が個人情報に該当するかどうかは，情報の単体又は複数の情報を組み合わせて保存されているものから社会通念上"特定の個人を識別できる"と判断できるかによって，一般人の判断力又は理解力をもって生存する具体的な人物と当該情報との間に個人識別性を認めるに至ることができるかどうかを考慮して判断する．また，組織は，個人情報に該当するかどうかの判断は，**A.3.3.2** に基づいて行うことが求められる．

　さらに，この規格の趣旨を踏まえて死者の情報の適正な取扱いと管理が必要であると判断される場合は，死者の情報も対象とすることが望ましい．その理由は，故人の個人情報が遺族の個人情報として解されることがあり，また，その利用目的との関係において，生死の別を厳格に管理しない場合もあるからである．さらには，事業活動においては，契約によって取得している個人情報も多く，その一方当事者の死亡をもって，即時に個人情報保護マネジメントシステムの対象情報から除外するというものでもないからである．

　なお，死者の情報には，歴史上の人物まで対象とする必要がない．

　個人情報を管理するための台帳に記載する事項は，**A.3.3.1** に示す事項のほか，必要に応じて，要配慮個人情報の存否，取得の形態（本人から直接書面によって取得するか

否か），利用目的などの本人への明示又は通知の方法，本人同意の有無，本人への連絡又は接触及び第三者提供（共同利用を含む．）に関する事項，委託に関する事項などを含めることが望ましい．

　組織は，事業において利用する全ての個人情報について台帳整備が必須であるというわけではなく，また，個人情報の取扱いについては，その個人情報の利用目的を特定した上で，その利用目的の範囲内で，個人情報保護リスクに応じて個々の従業者に委ねるなど，柔軟な取扱いとしてもよい．

　"組織は，特定した個人情報については，個人データと同様に取り扱わなければならない．"とは，**A.3.4.2**，**A.3.4.3** において個人データに対する管理策だけが示される場合であっても，特定した個人情報については，**A.3.3.3** に基づき個人情報保護リスクに応じて，必要かつ適切な安全管理措置を講じることをいう．例えば，従業者に個人情報を取り扱わせる場合に，**A.3.4.3.3** と同等に従業者に対する監督を行うことがこれに該当する．また，委託先への個人情報の提供又は委託先との間での個人情報の授受に伴い，個人情報の受け渡しが発生する場合に，受け渡し時の手順を規定の上で実施することも，これに該当する．

❑ 解　説

　本項の内容は，字句の修正を除いて旧規格からの変更はない．

　個人情報を保護するためには，その前提として取扱いの対象となる個人情報を具体的に把握することが必要となる．しかし，日々刻々と取得される個人情報の一つひとつを特定していくことは不可能である．そのため本項では，個人情報保護マネジメントシステムとして機能するために最低限必要な個人情報の特定の考え方を確立し，その特定の手順を明らかにすることを求めることにしたものである．

　具体的な特定作業は個人情報を取り扱う各現場で行われることが大半であり，従業者等が個人情報の定義を理解しておくことが前提となる（ただし，本規格では，B.3.3.1（個人情報の特定）の第2段落にあるように，個人情報に死者の情報も含めることを推奨している．）．この点，"A.3.4.5 認識"のあり方が重要となる（185ページ参照）．

　例えば，商品・サービスごとに切り出し，どのような個人情報がどこでどのように取得され，流通していくか，個人情報の項目，利用目的，保管場所，保管方法，アクセス権を有する者，利用期限，保管期限などについて明らかにす

A.3.3 計　画　　　　91

るという方法である．これを全商品・全サービスの提供ごとにビジネスプロセスの図を作成しながら特定し，さらに管理部門における業務フロー図などを作成しながら特定する．最後に，これらから遺漏した定型業務，非定型業務についての標準的特定手順を策定するなどの手順を整備することが必要であろう．

　単純な台帳整備は，不毛な形式的作業に堕する危険が高い点に留意すべきである．なお，この特定作業によって，当該個人情報に関するリスクが想定できることから，併せて"A.3.3.3 リスクアセスメント及びリスク対策"に対応することができる．業務等の変化とともに手順に変更がなされるよう，特定手順の見直し手続を明確化しておくことも重要である．

A.3.3.2　法令，国が定める指針その他の規範

【附属書 A】

A.3.3.2	法令，国が定める指針その他の規範*	組織は，個人情報の取扱いに関する法令，国が定める指針その他の規範（以下，"法令等"という．）を特定し参照できる手順を確立し，かつ，維持しなければならない．

【附属書 B】

B.3.3.2　法令，国が定める指針その他の規範

　この規格は，組織が個人情報の取扱いに関する法令，国が定める指針その他の規範に基づき個人情報を取り扱うことを前提としている．

　法令等には，①法［個人情報の保護に関する法律（以下，個人情報保護法という．），行政機関の保有する個人情報の保護に関する法律（平成 15 年 5 月 30 日法律第 58 号），独立行政法人等の保有する個人情報の保護に関する法律（平成 15 年 5 月 30 日法律第 59 号）］，②個人情報の保護に関する基本方針，③政令［個人情報の保護に関する法律施行令（平成 15 年 12 月 10 日政令第 507 号）］，④施行規則（個人情報保護委員会規則），⑤個人情報保護委員会ガイドライン，⑥関係省庁ガイドライン，⑦認定個人情報保護団体の指針，⑧地方公共団体が制定する条例，⑨その他，行政手続における特定の個人を識別するための番号の利用等に関する法律（平成 25 年 5 月 31 日法律第 27 号）などの個人情報保護に関係する法令が含まれる．

□ 解　説

　本項の内容は，"（以下，法令等という．）"が追加された点以外の変更はない．

92 　　　第 5 章　JIS Q 15001 の管理目的及び管理策の解説

　法令遵守は組織にとって当然の義務である．法令遵守のためには，どのような法令等があるか全従業者が把握できることが必要となる．本項は，法令等の制定や改正，廃止に対応できるための手順の確立と維持を求めている．

　なお，個人情報保護法は，法令，国が定める指針その他の規範の特定については定めていない．

　個人情報保護法体系（2018 年 1 月 1 日時点）は次の法令，国が定める指針その他の規範等から構成される（表 5.1 参照）．

　本規格は，工業標準化法に基づく JIS である．

　法令等の制定や改正，廃止に対応できるための手順を確立し，維持するためには，それらの情報を適切に把握することが不可欠である．2005（平成 17）年に全面施行された個人情報保護法の執行は主務大臣性に基づき，各主務大臣がガイドラインを制定していた．そのため，数多くのガイドラインが制定され，全てのガイドラインの把握から取り扱う個人情報に応じて適用される個別のガイドラインの確認に労力を要するだけでなく，政府が作成していた関係府省ガイドラインの一覧でさえも掲載漏れがあるなど，全てのガイドラインを確実かつ網羅的に把握することが難しい状況にあった．

　そのような状況は，個人情報保護法の執行が個人情報保護委員会に一元化されたことで解消されている．したがって，法令，国が定める指針その他の規範の特定に当たっては，個人情報保護委員会が公表している情報の確認が不可欠である．なお，個人情報保護への取組みは，"個人情報保護法"のみを遵守することだけでは適切に対応できないことがある．例えば，電気通信事業者においては電気通信事業法（通信の秘密に係る情報），医療法人においては刑法や看護師法など（守秘義務に係る情報），また，安全管理との関係では不正アクセス禁止法など，業務の特性や必要に応じて，特定範囲を拡大して関連法令や規範の特定を実施することが肝要である．

　"手順"には，本項が定める手順を担当する部門を明らかにすること，組織の業務に即して参照すべき法令等の洗い出しを行うこと，法令等の制定や改正，廃止に関する情報を適時に入手する手順を確立すること，法令等を全従業

者に告知する手段を確立し，周知を図ることが必要である．"A.3.3.5 内部規程"の参照手順と併せて検討してもよい．

表 5.1　個人情報保護体系の構成（2018 年 1 月 1 日時点）

種　別	法令，国が定める指針その他の規範等の名称
①［法律］	・個人情報の保護に関する法律及び行政手続における特定の個人を識別するための番号の利用等に関する法律の一部を改正する法律（平成 27 年法律第 65 号） ・行政機関等の保有する個人情報の適正かつ効果的な活用による新たな産業の創出並びに活力ある経済社会及び豊かな国民生活の実現に資するための関係法律の整備に関する法律（平成 28 年法律第 51 号）
②［基本方針］	・個人情報の保護に関する基本方針（平成 16 年 4 月 2 日閣議決定，平成 28 年 2 月 19 日変更，平成 28 年 10 月 28 日変更，平成 30 年 6 月 12 日一部変更）
③［政令］	・個人情報の保護に関する法律及び行政手続における特定の個人を識別するための番号の利用等に関する法律の一部を改正する法律の施行に伴う関係政令の整備及び経過措置に関する政令（個人情報の保護に関する法律施行令の一部を改正する政令）（平成 28 年政令第 324 号）
④［施行規則］	・個人情報の保護に関する法律施行規則（平成 28 年個人情報保護委員会規則 3 号） ・行政機関の保有する個人情報の保護に関する法律第四章の二の規定による行政機関非識別加工情報の提供に関する規則（平成 29 年 3 月 31 日個人情報保護委員会規則第 1 号） ・独立行政法人等の保有する個人情報の保護に関する法律第四章の二の規定による独立行政法人等非識別加工情報の提供に関する規則（平成 29 年 3 月 31 日個人情報保護委員会規則第 2 号）
⑤［個人情報保護委員会ガイドライン］	・個人情報の保護に関する法律についてのガイドライン"通則編" ・個人情報の保護に関する法律についてのガイドライン"外国にある第三者への提供編"，個人情報の保護に関する法律についてのガイドライン"第三者提供時の確認・記録義務編" ・個人情報の保護に関する法律についてのガイドライン"匿名加工情報編" ・個人データの漏えい等の事案が発生した場合等の対応について（平成 29 年個人情報保護委員会告示第 1 号）

94　　第 5 章　JIS Q 15001 の管理目的及び管理策の解説

表 4.1　（続き）

種　別	法令，国が定める指針その他の規範等の名称
（⑤ 続き）	・"個人情報の保護に関する法律についてのガイドライン" 及び "個人データの漏えい等の事案が発生した場合等の対応について" に関する Q&A 平成 29 年 2 月 16 日（平成 29 年 5 月 30 日更新） ・行政機関の保有する個人情報の保護に関する法律についてのガイドライン（行政機関非識別加工情報編）（平成 29 年 3 月） ・独立行政法人等の保有する個人情報の保護に関する法律についてのガイドライン（独立行政法人等非識別加工情報編）（平成 29 年 3 月） ・雇用管理分野における個人情報のうち健康情報を取り扱うに当たっての留意事項
⑥［関係府省ガイドライン］	〈金融関連分野〉 ・金融分野における個人情報保護に関するガイドライン（平成 29 年 2 月） ・金融分野における個人情報保護に関するガイドラインの安全管理措置等についての実務指針（平成 29 年 2 月） ・信用分野における個人情報保護に関するガイドライン（平成 29 年 2 月） ・債権管理回収業分野における個人情報保護に関するガイドライン（平成 29 年 2 月） 〈医療関連分野〉 ・医療・介護関係事業者における個人情報の適切な取扱いのためのガイダンス（平成 29 年 4 月 14 日） ・健康保険組合等における個人情報の適切な取扱いのためのガイダンス（平成 29 年 4 月 14 日）国民健康保険組合における個人情報の適切な取扱いのためのガイダンス（平成 29 年 4 月 14 日） ・国民健康保険団体連合会等における個人情報の適切な取扱いのためのガイダンス（平成 29 年 4 月 14 日） 〈その他の特定分野〉 ・電気通信事業分野ガイドライン ・放送分野ガイドライン ・郵便事業分野ガイドライン ・信書便事業分野ガイドライン ・個人遺伝情報ガイドライン

A.3.3 計　画　　　　95

表 4.1　（続き）

種　別	法令，国が定める指針その他の規範等の名称
⑦［認定個人情報保護団体の指針］	
⑧［地方公共団体の個人情報保護条例］	

A.3.3.3　リスクアセスメント及びリスク対策

【附属書 A】

A.3.3.3	リスクアセスメント及びリスク対策*	組織は，A.3.3.1によって特定した個人情報について，利用目的の達成に必要な範囲を超えた利用を行わないため，必要な対策を講じる手順を確立し，かつ，維持しなければならない． 組織は，A.3.3.1によって特定した個人情報の取扱いについて，個人情報保護リスクを特定し，分析し，必要な対策を講じる手順を確立し，かつ，維持しなければならない． 組織は，現状で実施し得る対策を講じた上で，未対応部分を残留リスクとして把握し，管理しなければならない． 組織は，個人情報保護リスクの特定，分析及び講じた個人情報保護リスク対策を少なくとも年一回，適宜に見直さなければならない．

【附属書 B】

B.3.3.3　リスクアセスメント及びリスク対策

A.3.3.3は，個人情報保護の観点から，情報セキュリティ対策の観点だけではなく，個人情報保護リスクの観点からのリスクの特定，分析及び対策を行うよう求めている．個人情報保護リスクは，本文の3.43で定義するように，法令等に対する違反，想定される経済的な不利益，社会的な信用の失墜などのおそれも含んでいる[4]．

"利用目的の達成に必要な範囲を超えた利用を行わないため，必要な対策を講じる手順"には，例えば，利用目的が定められていない個人情報については利用することができない旨の手順も含まれる．

"個人情報保護リスクを特定"とは，特定した個人情報が含まれる媒体の取得・入力，移送・送信，利用・加工，保管・バックアップ，消去・廃棄に至る一連の流れの各

---

[4]　JIS Q 15001:2017に対して2018年3月15日に正誤票が公表されている．B.3.3.3の第1段落の記述はこの正誤票を反映したものである．

96 　　　第 5 章　JIS Q 15001 の管理目的及び管理策の解説

局面において，適正な保護措置を講じない場合に想定されるリスクを洗い出すことをいう．

　個人情報保護リスクを"分析"するとは，洗い出したリスクを定性的な評価などによって評価することをいう．

　"必要な対策を講じる"とは，分析した個人情報保護リスクに対し，その評価に相応した合理的な対策を講じることをいう．

　"合理的な対策"とは，組織の事業内容又は規模に応じ，経済的に実行可能な最良の技術の適用に配慮することである．

　"残留リスク"とは，個人情報保護リスク対策後に残る個人情報保護リスクのことである．

　"少なくとも年一回，適宜に見直さなければならない．"とは，リスクは，技術の進展，環境の変化などによって変動するものであることから，個人情報保護リスクの特定・分析及び対策は，一度だけ実施すればよいものではなく，継続的な見直しが必要であることをいう．

❏ 解　説

　旧規格では，3.3.3（リスクなどの認識，分析及び対策）と定められていた箇条は"A.3.3.3　リスクアセスメント及びリスク対策"に変更されている．

　個人情報の漏えい，滅失又はき損をはじめとする安全管理措置義務を達成するための情報セキュリティ対策のみならず，法令等に対する違反，想定される経済的な不利益及び社会的な信用の失墜，本人への影響などのおそれなど，"個人情報保護リスク"の観点からの対応を求めている．

　本項は，利用目的の範囲内で個人情報を取り扱うための必要な対策を講じる手順を確立するとともに，個人情報保護リスクについてリスク管理を行うことを求めるものである．

　個人情報保護法は，個人データの安全管理（情報セキュリティ対策）について，漏えい，滅失又はき損の防止その他の個人データの安全管理のために必要かつ適切な措置を講じるよう定めるとともに，特に従業者及び委託先の監督を義務付けている．また，データ内容の正確性の確保についても定めている．

▷1 "利用目的の達成に必要な範囲を超えた利用を行わないため，必要な対策を講じる手順を確立し，かつ，維持しなければならない．"

A.3.3　計　　画 97

　旧規格では"目的外利用"と記されていたが，法律の文言に合わせて"利用目的の達成に必要な範囲を超えた利用"に修正がなされている．

　個人情報の取扱いにおいては，利用目的に関して様々な法的義務が定められているが，利用目的に関する手続においては，以下の①〜③等に留意することが必要である．

　①　情報システムを用いた対策

　"必要な対策を講じる手順"とある．まず，データベース・システムを中心とした情報システム上の対策を検討してみる必要がある．例えば，顧客にダイレクトメールを送付する場合，従業者はその送付対象の全顧客に示した利用目的の内容を参照し，ダイレクトメールの送付が利用目的の範囲内であるかどうかを確認する必要がある．今日，ダイレクトメールを手作業で1通ずつ送付することはなく，顧客データベースから，販売促進活動の目的に資する条件設定をして，数千人，数万人といった顧客情報をコンピュータ処理で抽出し，ラベルを印字し，封筒に貼り，チラシ等を封入して送付するといったことを行う．

　こうした作業を行うためには，データベース上に通知・公表又は明示した利用目的を記録しておくことが前提となる．さらに，個人情報を取り扱うたびに，それが利用目的の範囲内の取扱いであるか否かを確認するための参照機能が必要であり，また，それを自動的処理できるための情報システムと運用ルールが用意されていなければならない．

　顧客情報が少ない場合には，その全てを記帳などマニュアル処理で行うことも可能であるが，今日の組織においては，情報システムを活用した対応を行うことが一般的であろう．

　次に運用上の対策を検討することが必要である．

　②　利用目的の起案権限の明確化，利用目的の定型化など運用上の対策

　②-1　利用目的の特定　利用目的の特定，すなわち利用目的の起案を誰が行っているのかを確認することが重要である．もし，顧客と接点のある個々の現場（部門）ごとに行っているのであれば，日々刻々と利用目的の種類は増大

していくこととなる．数百，数千と増えていく多種多様な利用目的をいかに管理していくのか．データベースを駆使しても，その後の個人情報の活用はおぼつかない事態となることは容易に想像できるところであろう．

その対応策として，まず利用目的の起案権限を個人情報保護管理者とすること，その上で，業務の類型ごとに一定の利用目的（定型文）を用意し，それを通知等するように内部規程を定めるといったことが考えられる．なお，利用目的を定型化することでデータベース・システムでの対応が容易になる．

②-2　利用目的の通知　検討すべきことは，同一人物に対する複数の異なる利用目的の通知等を行った場合の対応である．お得意様であればあるほど，同一人物に複数の異なる利用目的を示す可能性が高くなるが，その場合の取扱いをどのようにするのかも内部規程に定め，あらかじめ約款の内容に反映させるなり，利用目的中に明記するなりして，顧客など本人の理解を得ておく必要がある．

③　利用目的の変更管理の困難性と利用目的の特定の考え方

本規格は，個人情報は特定した利用目的の範囲内で取り扱うことを求めているため，利用目的の変更については本人が想定できる範囲であっても，同意を得た範囲を超えて利用目的を変更することは目的外利用に該当する点に注意する必要がある．

しかし，予測不能な将来の経営環境の変化や企業買収などによって，どの組織も利用目的の変更を余儀なくされる事態に直面するときがある．利用目的を変更するときは本人からの事前同意を要するが（個人情報保護法第16条1項），その結果，新利用目的への変更を同意した顧客グループとそれを拒否し（無回答を含む．），旧利用目的のまま止まることとなった顧客グループとに分割されることとなる．顧客数にもよるが，個別の同意を求める限り，一般的に全員の同意を取りつけることは実際上非常に困難であるからである．

利用目的の変更手続を行う都度，さらに顧客グループの分割を重ねていくことが予想されるが，これをどのように管理していくべきか検討が必要である．この点については，"A.3.4.2.1　利用目的の特定"の考え方とも関係する問題

である."できる限り特定"を文字通り,利用目的の内容をより具体的に詳細に定めることをもってその趣旨であると単純に理解すると,利用目的の変更の必要に直面するケースが拡大し,事業活動に計り知れないインパクトを与えかねない点に留意しておく必要がある.

▷**2** "個人情報保護リスクを特定し,分析し,必要な対策を講じる手順を確立し,かつ,維持しなければならない."

ここで"リスク"とは,損失の危険性をいう."損失"は,本人の権利利益を中心に,組織の社会的,経済的価値,利害関係者への影響を含むものである.

"個人情報保護リスクを特定"とは,特定した個人情報の取得・入力,移送・送信,利用・加工,保管・バックアップ,消去・廃棄に至る個人情報の取扱いの一連の流れの各局面におけるリスクを洗い出すことであるが,この作業は"A.3.3.1 個人情報の特定"の作業と並行して行うことができる.

"リスクを分析"とは,洗い出したリスクを評価することである.組織は,洗い出したリスクに対し,その評価に相応した必要な対策を講じる必要がある.

必要な対策とは,組織の事業内容や規模に応じ,経済的に実行可能な最良の技術の適用と運用手順等の確立を含む合理的な対策をいう.全てのリスクをゼロにすることは不可能であるから,現状把握しているリスクを踏まえ,対策を施すべき優先順位ととり得る最善の対策を定め,未対応部分を残存リスクとして把握し,その進捗を管理しながら継続して取り組む必要がある.

リスクは技術の進展等社会環境の変化により常に変動するものであり,リスクの特定・分析及び対策は,少なくとも定期的に行い,必要に応じて見直していくとともに,新たなリスクを認識する都度,緊急の対策を施す必要がある.

トップマネジメントは,こうした安全管理(情報セキュリティ対策)を行う組織を作り,権限を与え,要員を配置し,予算措置を講じるなど,適切な経営資源の配分する必要がある("A.3.3.4 資源,役割,責任及び権限").また,

100　　　第 5 章　JIS Q 15001 の管理目的及び管理策の解説

併せて従業者の "認識" として安全管理教育の徹底も重要である（"A.3.4.5 認識"）．

▷**3** "組織は，現状で実施し得る対策を講じた上で，未対応部分を残留リスクとして把握し，管理しなければならない．"

　"残留リスク" とは，リスク対策を実施した後に残る個人情報保護リスクのことである．

▷**4** "組織は，個人情報保護リスクの特定，分析及び講じた個人情報保護リスク対策を少なくとも年一回，適宜に見直さなければならない．"

　"少なくとも年一回，適宜に見直さなければならない．" とは，リスクは技術の進展，環境の変化などによって変動するものであることから，個人情報保護リスクの特定・分析及び対策を，一度だけ実施すればよいものではなく，少なくとも年一回，継続的な見直しが必要であることを意図している．

A.3.3 計　画　　101

A.3.3.4　資源，役割，責任及び権限

【附属書 A】

A.3.3.4	資源，役割，責任及び権限*	トップマネジメントは，少なくとも，次の責任及び権限を割り当てなければならない. **a)** 個人情報保護管理者 **b)** 個人情報保護監査責任者 　トップマネジメントは，この規格の内容を理解し実践する能力のある個人情報保護管理者を組織内部に属する者の中から指名し，個人情報保護マネジメントシステムの実施及び運用に関する責任及び権限を他の責任にかかわりなく与え，業務を行わせなければならない. 　個人情報保護管理者は，個人情報保護マネジメントシステムの見直し及び改善の基礎として，トップマネジメントに個人情報保護マネジメントシステムの運用状況を報告しなければならない. 　トップマネジメントは，公平，かつ，客観的な立場にある個人情報保護監査責任者を組織内部に属する者の中から指名し，監査の実施及び報告を行う責任及び権限を他の責任にかかわりなく与え，業務を行わせなければならない. 　個人情報保護監査責任者は，監査を指揮し，監査報告書を作成し，トップマネジメントに報告しなければならない.監査員の選定及び監査の実施においては，監査の客観性及び公平性を確保しなければならない. 　個人情報保護監査責任者と個人情報保護管理者とは異なる者でなければならない.

【附属書 B】

B.3.3.4　資源，役割，責任及び権限

　"資源"とは，個人情報保護マネジメントシステムの確立，実施，維持及び継続的改善に必要な資源（本文の **7.1**）であり，具体的には人員，組織の基盤（規程，体制，施設・設備など），資金などをいう.

　個人情報保護管理者は，個人情報保護マネジメントシステムを理解し，実施・運用できる能力をもった者であることが望ましい.個人情報保護管理者は，当該組織に係る個人情報の管理の責任者である性格上，いたずらに指名する者を増やし，責任が不明確になることを避けることが望ましい.したがって，事業部が複数あり個人情報保護管理者を複数名指名する場合には，当該者間での役割分担を明確にすることが望ましい.

　個人情報保護管理者は，社外に責任をもつことができる者（例えば，役員クラス）を

102　　　　第 5 章　　JIS Q 15001 の管理目的及び管理策の解説

指名することが望ましい.
　個人情報保護監査責任者は,社外に責任をもつことができる者(例えば,役員クラ
ス)であって,個人情報保護管理者と同格又は上席者の中から指名されることが望まし
い.

❏ 解　説

　本項に関する内容に変更はないが,トップマネジメントが責任及び権限を割
り当てる個人情報保護管理者の指名及びその役割に加え,本規格では個人情報
保護監査責任者についてもその指名及び役割を明記する修正がなされている.
その結果,旧規格の 3.7.2(監査)で定めていた監査責任者の指名に係る項が
本項に変更されている.

　本項は,個人情報保護マネジメントシステムの確立,実施,維持,改善に関
するトップマネジメントの役割を規定したものである.

　トップマネジメントは,個人情報保護のマネジメントが適正に行われるため
に必要な組織を作り,権限を与え,要員を配置し,予算措置を講じるなど適切
な経営資源の配分を行う責任を有している.併せて内部規程を定め,文書化し
従業者に周知する必要があるほか,個人情報保護マネジメントシステムの実施
及び運用の内部責任者である個人情報保護管理者を指名し,監督し,その運用
状況の報告を得て,個人情報保護マネジメントシステムの見直しや改善の基礎
としなければならない.また,個人情報保護監査責任者を指名し,監査の実施
及び報告を行う体制を整備しなければならない.

▷1　資源

　トップマネジメントは,個人情報保護マネジメントシステムを運用する上で
必要な組織を作り,その権限など "A.3.3.5 内部規程" を定め,文書化し,従
業者に周知する必要がある.次に,予算措置,要員の人事,ファシリティ,資
産,備品の用意など,マネジメントを行う上で不可欠な経営資源を整えるよ
う,適切に指示することが必要である.

　旧規格における "資源" に関する要求事項は,3.3.4(資源,役割,責任及

A.3.3 計　画　　　　　　103

び権限）において“不可欠な資源を用意”することについて言及されているのみであった.

　本規格では，“7.1 資源”について規格本文に要求事項が定められており，“組織は，個人情報保護マネジメントシステムの確立，実施，維持及び継続的改善に必要な資源を決定し，提供しなければならない.”と定められている．“資源”とは，個人情報保護マネジメントシステムの確立，実施，維持及び継続的改善に必要な資源（規格本文の 7.1）であり，具体的には人員，組織の基盤（規程，体制，施設・設備など），資金などをいう.

　その上で，“5.1 リーダーシップ及びコミットメント”の c)では，“個人情報保護マネジメントシステムに必要な資源が利用可能であることを確実にする.”ことを求め，“6.2 個人情報保護目的及びそれを達成するための計画策定”の“g) 必要な資源”を定めている.

▷**2　個人情報保護管理者の指名及び役割**

　トップマネジメントは，“3.40 個人情報保護管理者”を指名し，個人情報保護管理者を補助する要員を配置する.

　個人情報保護管理者は，個人情報保護マネジメントシステムを理解し，実施・運用できる能力をもった者であるとともに，個人情報保護マネジメントシステムの実施及び運用に関する責任者であることから，単独であることが原則である．事業規模が大きく，また事業の性質などから単独では十分に責任を果たせない場合は，個人情報保護管理者を複数名指名することもできる．ただし，当該者間での役割分担を明確にすることが求められる．個人情報保護管理者の下に別途管理者を置くなど，階層化することも一つの方法である.

　個人情報保護管理者は，代表者による個人情報保護マネジメントシステムの見直しに資するため，定期的に，又は適宜に，代表者にその実施状況を報告する必要がある.

104　　　第 5 章　JIS Q 15001 の管理目的及び管理策の解説

▷**3** 個人情報保護監査責任者の指名及び役割

"個人情報保護監査責任者"の定義については，"3.41 個人情報保護監査責任者"を参照されたい．

本項では，トップマネジメントが個人情報保護監査責任者を組織内部に属する者の中から指名し，監査の実施及び報告を行う責任及び権限を他の責任にかかわりなく与え，業務を行わせることとしている．

A.3.3.5　内部規程

【附属書 A】

A.3.3.5	内部規程*	組織は，次の事項を含む内部規程を文書化し，かつ，維持しなければならない． **a)** 個人情報を特定する手順に関する規定 **b)** 法令，国が定める指針その他の規範の特定，参照及び維持に関する規定 **c)** 個人情報保護リスクアセスメント及びリスク対策の手順に関する規定 **d)** 組織の各部門及び階層における個人情報を保護するための権限及び責任に関する規定 **e)** 緊急事態への準備及び対応に関する規定 **f)** 個人情報の取得，利用及び提供に関する規定 **g)** 個人情報の適正管理に関する規定 **h)** 本人からの開示等の請求等への対応に関する規定 **i)** 教育などに関する規定 **j)** 文書化した情報の管理に関する規定 **k)** 苦情及び相談への対応に関する規定 **l)** 点検に関する規定 **m)** 是正処置に関する規定 **n)** マネジメントレビューに関する規定 **o)** 内部規程の違反に関する罰則の規定 組織は，事業の内容に応じて，個人情報保護マネジメントシステムが確実に適用されるように内部規程を改正しなければならない．

A.3.3 計　　画　　　　　　　　　105

【附属書 B】

B.3.3.5　内部規程

　"内部規程を文書化し，かつ，維持する"とは，手順として確立したルールを文書化
しておくことによって担当者が変わっても個人情報保護水準の継続性を保つことをい
う．ルールが明文化されていないことも個人情報保護リスクの一つである．

　内部規程の文書化には，**A.3.3.3** によって実施した個人情報保護リスクの特定・分析
及び対策に基づく手順の文書化が含まれる．個人情報保護リスクの特定が十分になされ
ていればその対策を内部規程として文書化する作業は容易である．内部規程の文書化と
は，基本となる規程を形式的に定めるだけでなく，それを受けて細則，マニュアル，チ
ェックリストなどを作成し，どのような行為をなすことが望ましいか，又は望ましくな
いのか，従業者が具体的に規程を参照できるように構成することである．内部規程は，
必ずしも形式的に一本化される必要はなく，例えば，内部規程の違反に関する罰則は，
就業規則で規定してもよい．

　A.3.3.5 d)は，個人情報を保護するための組織規程を含む．組織規程には，組織の各
部門及び階層における権限及び責任が含まれる．

❏ 解　説

　本項は項目の内容に変更はない．ただし，旧規格からの用語変更及び規格本
文の変更に伴う記述内容の変更がなされている．

　組織は，個人情報保護方針の下で，個人情報の取扱いに関する基本原則や手
順などを定め，文書化する必要がある．その内部規程に定めるべき最低限の事
項を例示したのが本項である．

　およそ組織である以上，そこに何らかの内部的ルールが存在するのは当然で
あり，組織として多数の利害関係者の下に業務を遂行している以上，法的義務
の有無にかかわらず，最低限の内部統制システムが存在していなければならな
い．

　適正な業務を確保するための内部統制に必要な体制の整備は，会社法に基づ
いて義務付けられている．また，労働者に対する罰則規定などについては，就
業規則など労働法上の要請を踏まえた対応も必要となる．内部規程の策定は個
人情報保護の規程に限らず，組織において必須の作業である．

　組織において，情報の管理（個人情報の取扱いルールを含む．）は，要員や

106 第5章 JIS Q 15001 の管理目的及び管理策の解説

資産，資金といった，他の経営資源の管理に比較して新しい取組みであるた
め，模範とすべき先例も少なく，その管理方法は未だ試行錯誤の段階にある
といえる．したがって，業務上の慣行やモラルなどへ過度に依存すべきではな
く，その内部規程の策定についてはより一層自覚的に取り組んでいくことが必
要である．

　形式的には，必ずしも一つの規程にまとまめなければならないものではな
く，必要に応じて，基本規程と細則に分けてもよく，他の規程に委ねることで
も構わない．各組織の定める文書管理規程などに従い，統一された形式で作成
することが必要である．

　実質的には，現実に取り扱う特定の情報が個人情報にのみ該当するとは限ら
ず，プライバシーに係る情報や営業秘密に係る情報，刑法上の守秘義務に係る
情報，医療法上の守秘義務に係る情報，通信の秘密に係る情報，契約上の守秘
義務に係る情報など，複数の性質をもつことも少なくないという点に留意する
ことが必要である．

　個人情報保護に関する内部規程のほかにも，営業秘密管理規程など，重畳的
に適用される内部規程があり得る場合は，細則の整備（帳票などの設計を含
む．）やマニュアルの作成，認識（"A.3.4.5"）の工夫などで対応していくべき
であろう．また，その他就業規則，その他の規程との間に矛盾がないように留
意する必要がある．

　"5.2 方針"を頂点とする特異な体系が他の内部規程と独立して策定されな
いように，内部規程相互間の形式面，実質面での整合性に気を付けることが肝
要である．情報管理規程など，上位のルールの策定により，適用関係の整理を
行うことも一考の余地があろう．

　なお，内部規程は，"A.3.2.1 内部向け個人情報保護方針"とともに，従業
者がいつでも閲覧し，規程集を備え置くなど，参照できるように，イントラネ
ットをはじめ，周知するための仕組みを作ることが必要である．

　内部規程の策定権限はトップマネジメントにある．個人情報保護マネジメン
トシステムを運用する上で必要な組織を作り，その権限などを内部規程におい

A.3.3 計　画　　107

て定め，文書化し，従業者に周知する必要がある．会社の種類にはいくつかあり，また株式会社の機関設計のあり方の選択肢もその規模と株式譲渡制限などに応じて広いことから，取締役会などの機関がどの程度，内部規程の決定に関与すべきかは，内部規程の内容とケースに応じて個別に検討すべきことになる．

A.3.3.6　計画策定

【附属書A】

A.3.3.6	計画策定*	組織は，個人情報保護マネジメントシステムを確実に実施するために，少なくとも年一回，次の事項を含めて，必要な計画を立案し，文書化し，かつ，維持しなければならない． a)　A.3.4.5 に規定する事項を踏まえた教育実施計画の立案及びその文書化 b)　A.3.7.2 に規定する事項を踏まえた内部監査実施計画及びその文書化

【附属書B】

B.3.3.6　計画策定

計画は，組織における内部及び外部の課題，並びに利害関係者からの要求事項を踏まえて，長期，中期，短期に策定されることが望ましい．**A.3.3.6** は，個人情報保護マネジメントシステムの計画策定に当たり，最低限求められる事項について定めている．

"必要な計画"には，教育，内部監査，安全管理計画（情報セキュリティ対策），委託先の監督，マネジメントレビュー実施のための具体的な計画を含む．

計画の"文書化"とは，実施のための具体的な計画を，計画書として文書化することをいう．どのような計画書を作成するかについては，**A.3.7.3** のマネジメントレビューで把握された課題も踏まえ，組織の置かれた状況などを勘案して，個別に必要性を検討することが望ましい．

A.3.3.6 a)の"教育実施計画書"は，研修の年間カリキュラム，個別の研修プログラム（研修名，開催日時，場所，講師，受講対象者及び予定参加者数，研修の概要，使用テキスト，任意参加か否かの別など），予算などによって構成する．

"**A.3.4.5** に規定する事項を踏まえた教育実施計画"とは，**A.3.4.5** の管理策を満たすために具体的な計画を策定することをいう．

A.3.3.6 b)の"内部監査実施計画書"は，当該年度に実施する監査テーマ，監査対

108　　　第 5 章　JIS Q 15001 の管理目的及び管理策の解説

象，目的，範囲，手続，スケジュールなどによって構成する．

　"A.3.7.2 に規定する事項を踏まえた内部監査実施計画"とは，A.3.7.2 の管理策を満たすよう具体的な計画を策定することをいう．

　なお，内部監査の計画には，前回までの見直しの結果についてのフォローアップを含めてもよい．

❏ 解　説

　旧規格の 3.3.6（計画書）は本規格で"計画策定"に変更された．また，個人情報保護マネジメントシステムを確実に実施するために必要な教育，点検及び監査などの計画とされ，具体的な計画の内容について明記されていなかったことから，少なくとも年に一回，教育の実施及び内部監査の実施のための計画を策定することを明記している．

　本項は，"A.3.3.5 内部規程"において定めた"i）教育などに関する規定"や"l）点検に関する規定"などの規定に基づき，個人情報保護マネジメントシステムを確実に実施するために必要な教育，点検及び監査などの年間実施計画，その他の詳細計画を文書で作成することを求めたものである．

　具体的に策定する計画は，"A.3.4.5 認識"に規定する事項を踏まえた教育実施計画の立案及びその文書化，"A.3.7.2 内部監査"に規定する事項を踏まえた内部監査実施計画及びその文書化であり，それらを少なくとも年一回実施することを求めている．

▷**1** "個人情報保護マネジメントシステムを確実に実施するため"

　計画書の作成は，進捗管理と成果を確認するため基準の具体化を図り，PDCA を実効的に推進するための基礎となり得る．

▷**2** "次の事項を含めて，必要な計画を立案し，文書化し，かつ，維持しなければならない."

　教育実施計画は，"7.3 認識"に基づき，A.3.4.5 に規定する事項を踏まえ，人事部門など特定の管理部門が教育実施計画を立案し，文書化しなければなら

ない．ここで立案すべき内容は，個人情報保護研修の年間カリキュラム，個別の研修プログラム，研修名，開催日時，場所，講師，受講対象者，予定参加者数，研修の概要，使用テキスト，予算などである．

内部監査実施計画は，"9.2 内部監査"に基づき，"3.16 監査"のプロセスを実施するため，A.3.7.2 に規定する事項を踏まえた内部監査実施計画を立案し，監査責任者の承認を得る．立案すべき内容は監査テーマや監査目的，監査対象，監査項目，手順，スケジュール，予算などである．

A.3.3.7 緊急事態への準備
【附属書 A】

A.3.3.7	緊急事態への準備*	組織は，緊急事態を特定するための手順，及び，特定した緊急事態にどのように対応するかの手順を確立し，実施し，かつ，維持しなければならない． 　組織は，個人情報保護リスクを考慮し，その影響を最小限とするための手順を確立し，かつ，維持しなければならない． 　また，組織は，緊急事態が発生した場合に備え，次の事項を含む対応手順を確立し，かつ，維持しなければならない． **a)** 漏えい，滅失又はき損が発生した個人情報の内容を本人に速やかに通知するか，又は本人が容易に知り得る状態に置くこと． **b)** 二次被害の防止，類似事案の発生回避などの観点から，可能な限り事実関係，発生原因及び対応策を，遅滞なく公表すること． **c)** 事実関係，発生原因及び対応策を関係機関に直ちに報告すること．

【附属書 B】

B.3.3.7　緊急事態への準備

　緊急事態を特定するための手順及び特定した緊急事態にどのように対応するかの手順（対応手順）の策定に当たっては，次のような事項を考慮することが望ましい．

―緊急事態及び事故が最も起こりやすい場面

―予想される被害の規模

―被害を最小限に抑えるための一次的な対処方法

110   第5章　JIS Q 15001 の管理目的及び管理策の解説

―組織内の緊急連絡網及び組織外への報告手順の確立
―再発防止処置を実施する手順
―緊急時対応についての教育訓練

　A.3.3.7 の a)〜c) の事項を実施するに当たっては，例えば，どのような場合にどのような手順になるか，法令等に従って対応を定め，その対応に従い実施することが望ましい．

　A.3.3.7 b) の事案の公表に際しては，公表によって本人などへの二次被害を招かないように，被害の重篤性を踏まえた上で，公表する内容，手段及び方法を考慮することが望ましい．また，個人情報の取扱いの全部又は一部を受託している受託者については，委託契約において何ら取決めがない場合は，委託者と相談の上実施することが望ましい．

❏ 解　説

　本項は項目の内容に変更はない．ただし，旧規格からの用語変更と規格本文の変更に伴い，"事業者" が "組織" に，"個人情報が漏えい，滅失又はき損をした場合に想定される経済的な不利益及び社会的な信用の失墜，本人への影響などのおそれ" が "個人情報保護リスク" に，"個人情報の漏えい，滅失又はき損" が "緊急事態" に記述内容の変更がなされている．

　本項は，"3.43 個人情報保護リスク" などの緊急事態の特定手順とリスクの最小化のための対応手順，緊急時の本人への通知等，二次被害の防止，類似事案の発生回避のための公表，関係機関への報告などの対応手順の確立と維持を求めたものである．

　旧規格では，個人情報が漏えい，滅失又はき損した場合の対応を求めていたが，本規格では，個人情報の取扱いの各局面（個人情報の取得・入力，移送・送信，利用・加工，保管・バックアップ，消去・廃棄に至る個人情報の取扱いの一連の流れ）における，個人情報の漏えい，滅失又はき損，関連する法令，国が定める指針その他の規範に対する違反，想定される経済的な不利益及び社会的な信用の失墜，本人の権利利益の侵害など，好ましくない影響への対応を求めている．

　緊急事態の特定手順を策定するに当たっては，"A.3.3.3 リスクアセスメント及びリスク対策" の結果をもとに，緊急事態の定義を行う必要がある．緊急

A.3.3 計　画　　　111

の度合いをレベルに分け，それに応じて対応を定めるという方法もある．

　現場で対応すべき事項と個人情報保護管理者の指揮の下で緊急事態として対応すべき事項とをどう切り分けるか，初動での判断ミスにより報告が適時に個人情報保護管理者に伝わらず，対応が後手になるといった事態を回避するために，気が付いた者が即時に通報できるように，明確な判断基準を策定することが必要である．

　対応手順の策定に当たっては，まず，組織において早期に緊急事態を把握できる体制を整備することが必要である．パソコンなどの操作ミスやコンピュータウィルスの感染による個人情報の流出，出先でのパソコンの紛失など，従業者の過失による事故の場合は，即時に当事者から報告させることが必要である．また，"A.3.6 苦情及び相談への対応"の過程で個人情報流出などの事実が判明した場合には，コールセンターなどの現場から即時に報告が上がってくる仕組みが必要である．

　そのためには，緊急時の連絡先（連絡ルート）を定め，従業者全員がその連絡先を常に携行することが必要である．例えば，緊急時の連絡先カードを配付しておくという方法が考えられる．また，緊急時か否か判断に迷う場合，夜間に事故が発生した場合などに備え，複数の報告手段の確保や心理的負担のない簡易な報告手段の確保などにも留意すべきであろう．また，緊急対応についての教育訓練（ロールプレーイング形式など）も重要である．

　次に，緊急事態の発生を受けて，個人情報保護管理者がどのように行動すべきか，その手順と判断基準をあらかじめ用意しておくことが必要である．

　対応手順の策定に当たっては，次のような事項を考慮するとよい．

　　・緊急事態及び事故が最も起こりやすい場面
　　・予想される被害の規模
　　・被害を最小限に抑えるための一次的な対処方法
　　・社内の緊急連絡網及び社外への報告手順の確立
　　・再発防止処置を実施する手順
　　・緊急時対応についての教育訓練

112 第5章　JIS Q 15001 の管理目的及び管理策の解説

なお，事案の公表に際しては，公表によって本人などへの二次被害を招かないように，また，模倣犯などの類似事案が発生しないように，公表する内容や手段，時期などを考慮することが必要である．特にセキュリティホールの存在や手口の紹介については注意が必要である．

また，個人情報の取扱いの全部又は一部を委託する場合は，委託契約において緊急事態に際しての対応を取り決めておく必要がある．

A.3.4　実施及び運用

A.3.4.1　運用手順

【附属書 A】

A.3.4　実施及び運用		
目的　運用段階において個人情報の取扱いを行うため.		
A.3.4.1	運用手順	組織は，個人情報保護マネジメントシステムを確実に実施するために，運用の手順を明確にしなければならない.

【附属書 B】

(該当する補足説明はなし)

❏ 解　説

　本項は項目の内容に変更はない．ただし，旧規格からの用語変更及び規格本文の変更に伴い，"事業者"が"組織"に記述内容の変更がなされている．

　本項は，個人情報保護マネジメントシステムを確実に実施するために運用手順を定め，文書化するなど，明確化することを求めたものである．

　手順として確立したルールは，組織として個人情報保護水準が常に一定以上に保たれるよう文書化することが求められる．業務上の慣行やモラルなどの不文のルール，担当者の特別に高いスキルなどに依存することなく，明文化されたルールを基礎に，PDCA サイクルによって継続的改善を行うことを重視する仕組みを採用しているからである．

　本項は，個人情報保護マネジメントシステムの"A.3.4 実施及び運用"に限られるものではなく，"A.3 管理目的及び管理策"全般に係る．

114　　　第 5 章　JIS Q 15001 の管理目的及び管理策の解説

A.3.4.2　取得，利用及び提供に関する原則

A.3.4.2.1　利用目的の特定

【附属書 A】

A.3.4.2　取得，利用及び提供に関する原則		
A.3.4.2.1	利用目的の特定*	組織は，個人情報を取り扱うに当たっては，その利用目的をできる限り特定し，その目的の達成に必要な範囲内において行わなければならない． 　組織は，利用目的の特定に当たっては，取得した情報の利用及び提供によって本人の受ける影響を予測できるように，利用及び提供の範囲を可能な限り具体的に明らかにするよう配慮しなければならない．

【附属書 B】

B.3.4　実施及び運用

B.3.4.2.1　利用目的の特定

　"利用目的をできる限り特定し"とは，利用目的を単に抽象的，一般的に特定するのではなく，組織が最終的にどのような目的で個人情報を利用するのかを可能な限り具体的に特定することをいう．個人情報の利用目的は，個人情報の項目ごとにその利用目的が異なる場合，項目ごとに区別して特定することが望ましい．単に"事業活動に用いるため"，"提供するサービスの向上のため"，又は"マーケティング活動に用いるため"と表現することは，**A.3.4.2.1** に適合しない．

　また，消費者など，本人の権利利益保護の観点からは，事業活動の特性，規模及び実態に応じ，事業内容を勘案して顧客の種類ごとに利用目的を特定して示したり，本人の選択によって利用目的の特定ができるようにしたりするなど，本人にとって利用目的がより明確になるような取組みが望ましい．

　なお，特定した利用目的は，**A.3.4.2.4** 及び **A.3.4.2.5** に基づき通知若しくは公表する，又は明示することが定められている．

❏ 解　説

　本項の項目には，利用目的の特定に当たっての配慮事項が追加されている．また，旧規格からの用語変更及び規格本文の変更に伴い，"事業者"が"組織"に記述内容の変更がなされている．

　本項は，組織が個人情報を取得するに当たり，利用目的をできる限り特定し，その特定した利用目的の達成に必要な範囲で個人情報を取り扱うことを求

A.3.4 実施及び運用　　　　　　　　　　　　　115

めたものである.

　"利用目的"は, 単に抽象的, 一般的に特定するのではなく, 組織が最終的にどのような目的で個人情報を利用するのかをできる限り具体的に特定することである. 単に"事業活動に用いるため""提供するサービスの向上のため", あるいは"マーケティング活動に用いるため"と表現することは, 利用目的を特定したことにならない. 本人がその影響を予測できる程度に, 利用及び提供の範囲をできる限り具体的に明記すべきである. また, 利用目的は公序良俗に反するものであってはならない.

　本人から契約によって直接取得する場合は, 利用目的をその契約内容に反映するとよい.

　なお, 利用目的の特定は, 単純に具体化詳細化することが常に全体として適法かつ適正な管理につながるものではないことに留意する必要がある. ここで特定された利用目的は, その制限の範囲内でのみ取り扱うことが求められるものであり, それを十分に遵守できる範囲であることを確認した上で特定することが求められる.

　組織は, 自らが特定した"利用目的"の範囲内で個人情報を取り扱わなければならないことから, 利用目的を特定するに当たっては, あらかじめマネジメントの対象となる最小単位(例えば, 一定の商品・サービスの提供)ごとに個人情報の取得から消去に至る取扱全般のビジネスプロセスと顧客データベース(台帳)などの管理状況を確認し, 個人情報の利用の必要性を踏まえてその内容を慎重に検討する必要がある.

　少なくとも"直接書面によって取得"(A.3.4.2.5)した個人情報, そのうち, 契約によって取得した個人情報については, 日次, 月次, 年次でどれだけの数があり, またそこで取得した個人情報とそこで示した利用目的の内容がそれぞれどのようにデータベース等で管理されているのか, その後そのデータベース等に格納された個人情報は誰がどの範囲でどのように利用しているのかを把握した上で, 利用目的の特定のあり方を検討する必要がある. 例えば, オンライン上の取引の場合は, 数分間に何百件という取引が成立することもある. 個別

116 第 5 章　JIS Q 15001 の管理目的及び管理策の解説

の管理が不可能である場合は，データベースの仕様を変更するか，データベースを単位とした利用目的の特定を検討するなどの対策を検討する必要がある.

また，利用目的中に取得する個人情報の項目を明記した場合には，データベース上に新たな項目が追加されるたびに利用目的の変更に当たるか否かということが問題になることにも留意すべきである.

A.3.4.2.2　適正な取得

【附属書 A】

A.3.4.2.2	適正な取得*	組織は，適法かつ公正な手段によって個人情報を取得しなければならない.

【附属書 B】

B.3.4.2.2　適正な取得

"適法かつ公正な手段によって個人情報を取得し"に反する例として，少なくとも次の事項がある.

a)　利用目的を偽るなど不公正な手段によって個人情報を取得すること.

b)　優越的な地位を利用して個人情報を取得すること.

不正の利益を得る目的で，又はその保有者に損害を加える目的で，秘密として管理されている事業上有用な個人情報で公然と知られていないものを，不正に取得したり，不正に使用・開示した場合には不正競争防止法（平成 5 年法律第 47 号）第 21 条，第 22 条によって刑事罰（行為者に対する 10 年以下の懲役若しくは 2,000 万円以下の罰金，又はその併科. 法人に対する 5 億円以下の罰金）が科され得る[*5].

また，第三者からの提供（法第 23 条第 1 項各号に掲げる場合並びに個人情報の取扱いの委託，事業の承継及び共同利用に伴い，個人情報を提供する場合を除く.）によって，個人情報（政令第 2 条第 2 号に規定するものから取得した個人情報を除く.）を取得する場合には，提供元の法の遵守状況（例えば，オプトアウト，利用目的，開示手続，問合せ・苦情の受付窓口を公表していることなど）を確認し，個人情報を適切に管理している者を提供元として選定するとともに，実際に個人情報を取得する際には，例えば，取得の経緯を示す契約書などの書面を点検するなどによって，当該個人情報の取得方法などを確認した上で，当該個人情報が適法に取得されたことが確認できない場合は，偽りその他不正の手段によって取得されたものである可能性もあることから，その取得を自粛することを含め，慎重に対応することが望ましい.

[*5]　JIS Q 15001:2017 に対して 2018 年 3 月 15 日に正誤票が公表されている. B.3.4.2.2 の b)の下の段落の記述はこの正誤票を反映したものである.

A.3.4 実施及び運用 117

【不正の手段によって個人情報を取得している事例】

事例 1) 親の同意がなく，十分な判断能力を有していない子どもから，取得状況から考えて関係のない親の収入事情などの家族の個人情報を取得する場合．

事例 2) 法第 23 条に規定する第三者提供制限違反をするよう強要して個人情報を取得した場合．

事例 3) 他の事業者に指示して上記事例 1)，事例 2) などの不正の手段で個人情報を取得させ，その事業者から個人情報を取得する場合．

事例 4) 法第 23 条に規定する第三者提供制限違反がされようとしていることを知り，又は容易に知ることができるにもかかわらず，個人情報を取得する場合．

事例 5) 上記事例 1)，上記事例 2) などの不正の手段で個人情報が取得されたことを知り，又は容易に知ることができるにもかかわらず当該個人情報を取得する場合．

❏ 解　説

本項は項目の内容に変更はない．ただし，旧規格からの用語変更及び規格本文の変更に伴い，"事業者"が"組織"に記述内容の変更がなされている．

本項は，組織に対し，窃取，脅迫，偽り等の手段によることなく適法に，かつ，独占的地位や優越的地位を濫用することなく，公正な手段によって個人情報を取得しなければならないことを求めたものである．

▷**1 "適法"**

一般に"適法"とは，法秩序に適うことをいうが，ここでは，"個人情報の取得行為や取得の状態が法令によって是認されること"をいう．法令には，刑事法，行政法に限らず，民事法等を含む．したがって，不法行為を構成しないこと，契約に違反しないことも求められる．

▷**2 "公正な手段"**

個人情報保護法は"偽りその他不正の手段により個人情報を取得してはならない"と定めているが，本項においては"公正な手段によって個人情報を取得しなければならない"としている．

"不正"とは，一般に法令違反をしないことをいうのに対して，"公正"とは，一般に公平で，かつ，誤りがないことをいい，法律上は主に競争法などで

用いられることが多い概念である．語義としては若干の相違を感じるが，ほぼ同義と理解して差し支えない．また，組織の“行為”ではなく“手段”としているが，法の運用をみる限り，必ずしも手段に限定されているわけではない．その他，利用目的を偽り取得すること，優越的な地位を濫用して取得することも許されない行為と判断される．

　その他，個人情報保護法では，適正な取得に当たらない場合としては，本人同意を得ずに取得した要配慮個人情報の提供（同法第 17 条 2 項違反）など，不正に取得された個人情報の提供に該当する場合，第三者提供を利用目的として特定せずに取得した個人データの提供（同法第 15 条違反），安全管理措置義務違反による提供（漏えい）（同法第 20 条違反），個人データの第三者提供に係るオプトアウト手続違反（提供停止の非実施，通知や届出義務の懈怠，虚偽の通知や届出）により取得され提供されている場合（同法第 23 条 2 項・3 項違反），オプトアウトの申出先となる苦情処理体制の不整備（問い合わせ等に応じない場合）（同法第 35 条違反）などが挙げられる．

　不正の競争の目的で，秘密として管理されている事業上有用な個人情報で公然と知られていないものを詐欺等により不正に取得したり，使用・開示したりした者は不正競争防止法により処罰の対象となることもある．

　なお，不正競争防止法の改正（平成 27 年法律第 54 号）による営業秘密侵害罪の処罰範囲の整備が行われ，

①　不正開示が介在したことを知って営業秘密を取得し，転売等を行う者のを処罰（旧法では，処罰範囲は営業秘密を不正に取得した行為者から直接に開示を受けた者に限定されていた.）

②　海外における営業秘密の取得行為の処罰

③　営業秘密侵害の未遂行為の処罰

が定められている．

　また，限定提供データの不正取得等を不正競売行為として追加する不正競争防止法の改正（平成 30 年法律 33 号）が実施されている．

A.3.4.2.3　要配慮個人情報

【附属書 A】

A.3.4.2.3	要配慮個人情報[*]	組織は，新たに要配慮個人情報を取得する場合，あらかじめ書面による本人の同意を得ないで，要配慮個人情報を取得してはならない．ただし，次に掲げるいずれかに該当する場合には，書面による本人の同意を得ることを要しない． a) 法令に基づく場合 b) 人の生命，身体又は財産の保護のために必要がある場合であって，本人の同意を得ることが困難であるとき c) 公衆衛生の向上又は児童の健全な育成の推進のために特に必要がある場合であって，本人の同意を得ることが困難であるとき d) 国の機関若しくは地方公共団体又はその委託を受けた者が法令の定める事務を遂行することに対して協力する必要がある場合であって，本人の同意を得ることによって当該事務の遂行に支障を及ぼすおそれがあるとき e) その他，個人情報取扱事業者の義務などの適用除外とされている者及び個人情報保護委員会規則で定めた者によって公開された要配慮個人情報，又は政令で定められた要配慮個人情報であるとき 　組織は，要配慮個人情報の利用又は提供についても，前項と同様に実施しなければならない．さらに，要配慮個人情報のデータの提供についても，同様に実施しなければならない．

【附属書 B】

B.3.4.2.3　要配慮個人情報

　要配慮個人情報を取得する場合には，書面による本人の同意を得ることが，**A.3.4.2.3** で求められており，それ以外の方法での同意の取得は，**A.3.4.2.3** に適合しない．

　書面による本人の同意取得は，新たに要配慮個人情報を取得する場合に限らず，要配慮個人情報の取得のつど行うことが望ましい．また，要配慮個人情報を直接書面によって取得する場合は，**A.3.4.2.5** で求める本人への明示，及び本人の同意取得と合わせて，**A.3.4.2.3** の同意取得を行うことが望ましい．

　A.3.4.2.3 a) の "法令に基づく場合" には，組織が，労働安全衛生法に基づき健康診断を実施し，これによって従業者の身体状況，病状，治療などの情報を健康診断実施機関から取得する場合が該当する．

120 第 5 章 JIS Q 15001 の管理目的及び管理策の解説

> **A.3.4.2.3 e)**は，要配慮個人情報を取得する際に，あらかじめ書面による本人の同意を得ることを要しない要件を法令等で限定的に定めている．

❏ 解　説

旧規格の "特定の機微な個人情報の取得，利用及び提供の制限"（3.4.2.3）は，個人情報保護法の改正に対応し，"要配慮個人情報" の定義及び取扱い手続に合わせる変更がなされた．

旧規格は，EU 個人データ保護指令が定める，いわゆるセンシティブ・データに係る規定などを参考に，特定の機微な個人情報の本人同意に基づく取扱いについて定めることとなった．改正前の個人情報保護法では，当該手続は定められていなかったが，改正個人情報保護法では，新たに要配慮個人情報の定義及び JIS 同様の本人同意に基づく取得制限が課された．そこで本規格では，旧規格において既に定められていた特定の機微な個人情報に係る手続を改正個人情報保護法の規定に合わせる変更がなされている．

これにより，旧規格からの変更点及び留意点は，① 定義，② 取扱い手続，③ 対象情報 となる．

"① 定義" については，"特定の機微な個人情報" が "要配慮個人情報" に変更されている．

"② 取扱い手続" については，改正個人情報保護法は要配慮個人情報の "取得" における本人の同意を義務付けているが，本規格では旧規格の段階から個人情報の取扱い（個人情報の取得，利用又は提供）にも本人同意を求めている．この点については個人情報保護法が定める手続の上乗せであるが，旧規格からの手続を変更していない．また，改正個人情報保護法は個人情報としての要配慮個人情報の取得を本人同意の対象としているが，個人データに該当しない要配慮個人情報の提供については，個人データの提供に当たらないため，本人同意が不要である．しかし，本規格では，個人データに該当しない要配慮個人情報についても，"要配慮個人情報のデータの提供" として本人の同意を得ることを求めている．

"③ 対象情報の範囲" について，旧規格は以下の情報を "特定の機微な個人

情報"としていた.

a) 思想，信条又は宗教に関する事項

b) 人種，民族，門地，本籍地（所在都道府県に関する情報を除く.），身体・精神障害，犯罪歴その他社会的差別の原因となる事項

c) 勤労者の団結権，団体交渉その他団体行動の行為に関する事項

d) 集団示威行為への参加，請願権の行使その他の政治的権利の行使に関する事項

e) 保健医療又は性生活に関する事項

本規格では，改正個人情報保護法が定める要配慮個人情報を対象としている．

A.3.4.2.4 個人情報を取得した場合の措置

【附属書 A】

A.3.4.2.4	個人情報を取得した場合の措置*	組織は，個人情報を取得した場合は，あらかじめ，その利用目的を公表している場合を除き，速やかに，その利用目的を，本人に通知するか，又は公表しなければならない．ただし，次に掲げるいずれかに該当する場合には，本人への利用目的の通知又は公表は要しない． a) 利用目的を本人に通知するか，又は公表することによって本人又は第三者の生命，身体，財産その他の権利利益を害するおそれがある場合 b) 利用目的を本人に通知するか，又は公表することによって当該組織の権利又は正当な利益を害するおそれがある場合 c) 国の機関又は地方公共団体が法令の定める事務を遂行することに対して協力する必要がある場合であって，利用目的を本人に通知するか，又は公表することによって当該事務の遂行に支障を及ぼすおそれがある場合 d) 取得の状況からみて利用目的が明らかであると認められる場合

【附属書 B】

B.3.4.2.4　個人情報を取得した場合の措置

　個人情報の取得には，本人から直接書面によって取得する場合，書面によらずに取得する場合（例えば，カメラによって取得した場合，口頭によって取得した場合など），本人以外の者から取得する場合（個人情報取扱業務の委託を受ける場合，第三者から個人情報の提供を受ける場合，公開情報から取得する場合など）が該当する．このうち，本人から直接書面によって取得する場合の措置については，**A.3.4.2.5** に規定されている．

　A.3.4.2.4 の"利用目的"とは，**A.3.4.2.1** に基づき，組織が特定した利用目的をいう．

　本人から書面によらずに取得する場合，利用目的は，本人との契約類似の信頼関係の中で黙示的に了解されることが望ましい．

　本人以外の者から取得する場合，組織は，委託元又は提供元との契約などにおいて，利用目的を，あらかじめ明示することが望ましい．

　公開情報から取得する場合，組織は，**A.3.4.2.1** に基づき，公開された目的の範囲内で利用目的を特定の上で，特定した利用目的について **A.3.4.2.4** に基づく措置を講じる．公表された範囲を超えて利用しようとする場合，組織は，**A.3.4.2.5** ではなく，**A.3.4.2.7** に基づく措置を講じることが求められる．

　A.3.4.2.4 の"本人に通知"とは，本人に直接知らせることをいう．組織は，本人に通知するに当たり，事業の性質及び個人情報の取扱状況に応じ，本人が内容を理解できる合理的かつ適切な方法によることをいう．例えば，対面又は電話のように口頭によって個人情報を取得する場合などは，通知も書面によらずに口頭で行ってもよい．

　A.3.4.2.4 の"公表"とは，広く一般に自己の意思を知らせること（国民一般その他不特定多数の人々が知ることができるように発表すること．）をいう．

　A.3.4.2.4 a) の場合とは，いわゆる総会屋などによる不当要求などの被害を防止するため，当該総会屋の個人に関する情報を取得し，企業相互に情報交換を行っている場合で，利用目的を通知又は公表することによって，当該総会屋などの逆恨みによって，第三者たる情報提供者が被害を被るおそれがある場合などをいう．

　A.3.4.2.4 b) の場合とは，例えば，通知又は公表される利用目的の内容によって，当該組織が行う新商品などの開発内容，営業ノウハウなどの企業秘密にかかわるようなものが明らかになる場合などをいう．

　A.3.4.2.4 c) の場合とは，例えば，公開手配を行わないで，被疑者に関する個人情報を，警察から被疑者の立ち回りが予想される組織に限って提供された場合，警察から受け取った当該組織が，利用目的を本人に通知するか，又は公表することによって，捜査活動に重大な支障を及ぼすおそれがある場合などをいう．

　A.3.4.2.4 d) の場合であるかどうかは，条理又は社会通念による客観的判断によって，極力限定的に解釈することが望ましい．商品及びサービスの販売・提供において住

A.3.4 実施及び運用　　　123

所・電話番号などの個人情報を取得する場合があるが，その利用目的が当該商品，サービスなどの販売・提供だけを確実に行うためという利用目的であるような場合（クリーニング店，デリバリーサービスなどで受取人を特定するために個人情報を取得するなど），一般の慣行としての名刺交換（ただし，ダイレクトメールなどの目的に名刺の個人情報を用いることは，自明の利用目的に該当しない場合がある．）の場合などはこれに該当する．また，請求書，見積書などの伝票に記載された担当者名，なつ（捺）印などもこれに該当する．ただし，**A.3.4.2.4 d)** によって取得した個人情報であっても，その取扱いの委託を受けた場合は，**A.3.4.2.4 d)** に該当しない．

❏ 解　説

　旧規格の 3.4.2.4（本人から直接書面によって取得する場合の措置）は個人情報保護法第 18 条 2 項に，3.4.2.5（個人情報を 3.4.2.4 以外の方法によって取得した場合の措置）は同条 1 項に該当する手続として定められていた．つまり，同法第 18 条 1 項及び 2 項が定める手続について，旧規格では同法とは逆の規定ぶりとなっていた．

　本規格は，個人情報保護法第 18 条の規定の順序に合わせ，第 18 条 1 項に該当する手続を本項とし，同条 2 項に該当する手続を"A.3.4.2.5 A.3.4.2.4 のうち本人から直接書面によって取得する場合の措置"として，同法と同様の個人情報の取得に係る手続と同様の構造に修正がなされた．

　本項は，個人情報を取得した場合［直接書面によって取得する場合（A.3.4.2.5）や本人から書面によらずに直接取得した場合，第三者から取得した場合，公開情報から取得した場合，又は個人情報の取扱いの委託により取得した場合］は，利用目的を事前公表している場合を除き，取得後速やかにその利用目的を本人に通知又は公表することを求めたものである．

　また，例外的に通知又は公表を要しない場合を列記している．

▷1 "個人情報を取得した場合"

　"個人情報を取得した場合"とは，個人情報を直接書面によって取得する場合（A.3.4.2.5）のほか，次のような場合をいう．

　① 本人から書面によらずに直接取得した場合（例　監視カメラによる影像

124 第 5 章　JIS Q 15001 の管理目的及び管理策の解説

記録，コールセンターでの入電記録）

② 第三者から取得した場合（例　データベース事業者から購入した人物情報）

③ 公開情報から取得した場合（例　官報，ウェブサイト，市販の名簿から取得した個人情報）

④ 受託した（委託を受けた）場合（例　情報処理，情報システム開発などにより取得した顧客情報）

▷2 "あらかじめ，その利用目的を公表している場合を除き，速やかに，その利用目的を，本人に通知するか，又は公表しなければならない."

個人情報を直接書面以外の方法で取得することが想定される場合は，"あらかじめ，その利用目的を公表して" おくことで，事後的に "通知" 又は "公表" する必要はない.

"通知" とは，本人に直接知らしめることをいい，事業の性質及び個人情報の取扱状況に応じ，内容が本人に認識される合理的かつ適切な方法によらなければならない. 例えば，面談又は電話のように，口頭により個人情報を取得する場合は通知も書面によらずに口頭で行ってもよい.

"公表" とは，広く一般に自己の意思を知らせること（国民一般その他不特定多数の人々が知ることができるように発表すること）をいう. 公表に当たっては，事業の性質及び個人情報の取扱状況に応じ，合理的かつ適切な方法による必要がある.

▷3 "次に掲げるいずれかに該当する場合には，本人への利用目的の通知又は公表を要しない."

本項の a)～d)は，法第 18 条 4 項一号～四号を踏まえて規定されている.

▶ "a) 利用目的を本人に通知するか，又は公表することによって本人又は第三者の生命，身体，財産その他の権利利益を害するおそれがある場合"

例えば，いわゆる総会屋等による不当要求等の被害を防止するため，当該総

A.3.4　実施及び運用　　　125

会屋の個人に関する情報を取得して企業相互に情報交換を行っている際に，利用目的を通知又は公表することにより，当該総会屋等の逆恨みにより，第三者たる情報提供者が被害を受けるおそれがある場合をいう．

> ▶　"b) 利用目的を本人に通知するか，又は公表することによって当該組織の権利又は正当な利益を害するおそれがある場合"

例えば，通知又は公表される利用目的の内容により，当該事業者が行う新商品等の開発内容，営業ノウハウ等の企業秘密に関わるようなものが明らかになる場合をいう．

> ▶　"c) 国の機関又は地方公共団体が法令の定める事務を遂行することに対して協力する必要がある場合であって，利用目的を本人に通知するか，又は公表することによって当該事務の遂行に支障を及ぼすおそれがある場合"

例えば，公開手配を行わないで，被疑者に関する個人情報を，警察から被疑者の立ち回りが予想される組織に限って提供された場合，警察から受け取った当該組織が，利用目的を本人に通知し，又は公表することにより，捜査活動に重大な支障を及ぼすおそれがある場合をいう．

> ▶　"d) 取得の状況からみて利用目的が明らかであると認められる場合"

利用目的が明らかであるか否かは，条理又は社会通念による客観的判断により，極力限定的に解釈する必要がある．商品やサービスの販売・提供において，住所・電話番号等の個人情報を取得する場合があるが，その利用目的が当該商品やサービスの販売・提供のみを確実に行うためという利用目的であるような場合（クリーニング店やデリバリーサービスなどで受取人を特定するために個人情報を取得するなど）や一般の慣行としての名刺交換の場合はこれに該当する（ただし，ダイレクトメール等の目的に名刺の個人情報を用いることは，自明の利用目的に該当しない場合があるので注意を要する．）．

また，請求書や見積書等の伝票に記載された担当者名，捺印等もこれに該当する．ただし，本項の d)により取得した個人情報であっても，その取扱いの委託を受けた場合は該当しない．

126　　第 5 章　JIS Q 15001 の管理目的及び管理策の解説

A.3.4.2.5　A.3.4.2.4 のうち本人から直接書面によって取得する場合の措置

【附属書 A】

A.3.4.2.5	A.3.4.2.4 のうち本人から直接書面によって取得する場合の措置*	組織は，A.3.4.2.4 の措置を講じた場合において，本人から，書面（電子的方式，磁気的方式など人の知覚によっては認識できない方式で作られる記録を含む．以下，同じ．）に記載された個人情報を直接取得する場合には，少なくとも，次に示す事項又はそれと同等以上の内容の事項を，あらかじめ，書面によって本人に明示し，書面によって本人の同意を得なければならない． **a)** 組織の名称又は氏名 **b)** 個人情報保護管理者（若しくはその代理人）の氏名又は職名，所属及び連絡先 **c)** 利用目的 **d)** 個人情報を第三者に提供することが予定される場合の事項 ―第三者に提供する目的 ―提供する個人情報の項目 ―提供の手段又は方法 ―当該情報の提供を受ける者又は提供を受ける者の組織の種類，及び属性 ―個人情報の取扱いに関する契約がある場合はその旨 **e)** 個人情報の取扱いの委託を行うことが予定される場合には，その旨 **f)** A.3.4.4.4 ～ A.3.4.4.7 に該当する場合には，その請求等に応じる旨及び問合せ窓口 **g)** 本人が個人情報を与えることの任意性及び当該情報を与えなかった場合に本人に生じる結果 **h)** 本人が容易に知覚できない方法によって個人情報を取得する場合には，その旨 ただし，人の生命，身体若しくは財産の保護のために緊急に必要がある場合，又はただし書き A.3.4.2.4 の a) ～ d) のいずれかに該当する場合は，本人に明示し，本人の同意を得ることを要しない．

【附属書 B】

B.3.4.2.5　A.3.4.2.4 のうち本人から直接書面によって取得する場合の措置

　"A.3.4.2.4 の措置を講じた場合において"とは，A.3.4.2.4 による取得は，A.3.4.2.5 の取得の前提であることをいう．よって，組織は，A.3.4.2.5 の措置の前提として，まず，A.3.4.2.4 の措置（適用除外を含む．）を行うことが求められる．

A.3.4 実施及び運用 127

> **A.3.4.2.5** の"書面によって本人に明示"とは，本人に対して，**A.3.4.2.5** の a)～h)の事項又はそれと同等以上の内容の事項が書面によって明確に示されることをいい，例えば，**A.3.4.2.5** の a)～h)の事項を明記した契約書その他の書面を相手方である本人に手渡し又は送付すること，本人がアクセスした自社のウェブ画面上に **A.3.4.2.5** の a)～h)の事項を明記するなど，事業の性質及び個人情報の取扱状況に応じ，内容が本人に理解できる合理的かつ適切な方法によることである．
>
> **A.3.4.2.5 d)** の"個人情報を第三者に提供することが予定される場合の事項"は，個人情報の第三者への提供は，本人が直接関与しないことが多いため，本人に懸念を抱かせないよう，本人に明示する事項を定めている．"組織の種類，及び属性"とは，個人情報の提供を受ける組織（企業）の業種と提供元である組織（企業）との関係（関連会社，持株会社など）をいう．
>
> **A.3.4.2.5 g)** の"本人が個人情報を与えることの任意性"とは，例えば，申込書への個人情報の記入が義務的なものなのか，任意であるかについて本人に対して説明することをいう．"当該情報を与えなかった場合に本人に生じる結果"とは，例えば，申込書などに本人が個人情報を記入しなかった場合に起こり得る結果をいう．
>
> 【当該情報を与えなかった場合に本人に生じる結果】
>
> 事例 1）本人が懸賞応募申込書に個人情報を記入しないため，当選しない．
>
> 事例 2）本人が結婚紹介申込書の年収の欄に記入しないため，年収を考慮した相手が紹介されない．
>
> 事例 3）本人が中途採用に応募するに当たり，履歴書に職歴を記入しないため，一定の職種で選考対象とされない．
>
> **A.3.4.2.5 h)** の"本人が容易に知覚できない方法によって個人情報を取得する場合には，その旨"とは，例えば，スマートフォンのアプリケーション経由で自動的に取得する位置情報，端末情報などが挙げられ，その場合には，当該方法によって個人情報を取得している旨及び取得する個人情報の内容を開示することをいう．

🔲 解 説

　本規格では，個人情報保護法第 18 条の規定同様に，同法第 18 条 1 項に該当する手続を前述の通り"A.3.4.2.4 個人情報を取得した場合の措置"とし，同条 2 項に該当する手続を本項として同法と同様の構造に変更された．

　本項は，本人から個人情報を直接書面によって取得する場合は，原則として，a)～h)の事項をあらかじめ書面により本人に明示し，併せて同意を得ることを求めている．十分な説明を受けた後の本人同意に基づいて個人情報が取得されることを求める趣旨である．

128　　　第 5 章　JIS Q 15001 の管理目的及び管理策の解説

　個人情報保護法は，直接書面取得について第 18 条 2 項において定めている．ただし，同法は"あらかじめ，本人に対し，その利用目的を明示"することを義務付けているが，本項においては明示は書面による必要があり，"本人の同意"を得ることも求めている．さらに同法の求める"利用目的"に加えて a)，b) 及び d)〜h) までの事項を明示することを求めている．

▷1　"本人から，書面（中略）に記載された個人情報を直接取得する場合"
　"書面"には，紙媒体への記録だけではなく，電子的方式，磁気的方式など人の知覚によっては認識できない方式で作られる記録を含む．オンライン上では，相手方本人のパソコン・携帯電話等の端末に表示されるウェブ画面や電子メール等に個人情報を入力（記録）するような場合を想定している．
　直接書面による取得は，次の二つに分類することができる．
　①　契約（法律行為）により，書面に記載された個人情報を直接取得する場合
　②　契約（法律行為）によらず，書面に記載された個人情報を直接取得する場合
　①の場合は，明示した事項 [a)〜h)] が契約内容となり得ることから，本項に適合しないことが，同時に契約違反となり得る．契約関係にある場合には，明示した事項 [a)〜h)] 以外にも付随的な義務が認められこともあることに留意すべきである．一般に明文の契約条項がなくとも，取得した個人情報の漏えい等や不正利用は契約違反となり得る．
　①と②は，形式的には書面が契約書であるか否かで区別し得るが，詳細な事項が書面で交付されることや個人情報の取得に際しての同意があることから，個人情報の取扱いに関する一定の合意があることは明白であり，記名式アンケート調査のような，一見事実行為にすぎないような場合であっても，そこに契約関係があると評価されることも考えられる．

A.3.4 実施及び運用　　　　129

▷**2** "次に示す事項又はそれと同等以上の内容の事項を，あらかじめ，書面に
よって本人に明示し，書面によって本人の同意を得なければならない."

　"明示"とは，文字通り明確に表示することをいう．契約（法律行為）によ
り，書面に記載された個人情報を直接取得する場合は，単なる表示行為ではな
く，組織の意思表示（法律行為）の一部を構成するという側面も有することと
なる．この場合，一定の明示事項［a)～h)］を契約書中に記載することをも
って明示といえるかが問題となる．約款に小さな文字で個人情報保護条項が埋
没しているような場合には，明示と評価することが困難であるとみなされる場
合もあると考えられる．

　該当条項に下線を引いたり，赤字等で表記したりしている場合，若しくは，
契約書中又は別紙で第○条に記載されている旨がわかりやすく表示されている
場合が明示であって，併せてその旨を相手方本人に説明し，又は当該条項を読
み聞かせするなどしていれば明示と評価し得ることになろう．

　ウェブ画面上においては，数度のクリックが必要となる深層のウェブページ
に掲載する場合，"明示"といえるかどうかが問題となり得る．したがって，
リンク先への掲載はできる限り避けるか，一定の事項［a)～h)］を明示して
いる旨を表記し，少なくともワンクリックで当該内容が確認できるようレイア
ウトしておく必要がある．

　"あらかじめ"とは，"本人から個人情報を取得する前"をいう．オンライン
上の取引や記名式アンケート調査などの場合は，相手方本人のパソコン・携帯
電話・スマートフォン等の情報機器に表示される画面や電子メール等に個人情
報を入力（記録）し，送信する前に一定の事項［a)～h)］を明示することが
求められる．当該事項は，送信ボタンの前に本人の目に留まるように，ウェブ
画面等を構成する必要がある．

　なお，本人から一方的に，契約の申込みや問合せなどがあり，個人情報を直
接書面取得したような場合は，事後速やかに一定の事項［a)～h)］を明示し，
同意を得るべきであろう．また，契約不成立の場合は，速やかに個人情報を消
去したり受領した文書を返却したりするなどの対応が望ましい．

130   第 5 章　JIS Q 15001 の管理目的及び管理策の解説

"本人の同意"とは，"本人からの同意の意思表示"をいう．書面を通じて個人情報を取得する場合なので，原則として同意は書面による．組織においては，事後の紛争に備えた証拠としての役割も担うものでもある．

"次に示す事項"とは，a)〜h)に列記される事項のことである．

▶ "d) 個人情報を第三者に提供することが予定される場合の事項"

個人情報の第三者への提供は，本人が直接関与しないことが多いため，本人に懸念を抱かせないよう，A.3.4.2.5 d)に定める事項を具体的に明らかにすることが必要である．

"提供を受ける者の組織の種類"とは，個人情報の提供を受ける組織（提供先事業者）の業種のことをいい，"属性"とは，提供元である組織との関係をいう．例えば，親会社，子会社，関連会社のことであり，資本関係等がない場合は記載不要である．

▶ "g) 本人が個人情報を与えることの任意性及び当該情報を与えなかった場合に本人に生じる結果"

"本人が個人情報を与えることの任意性"とは，個人情報の記入欄ごとにその記入が必須事項か任意事項かを明らかにすることをいい，"当該情報を与えなかった場合に本人に生じる結果"とは，個人情報の記入欄に記入しなかった場合の本人に生じる結果を明記することをいう．具体的には，"必須事項に記載漏れがある場合に契約の申込みを受け付けず，商品又はサービスの提供がなされない""中途採用に応募する場合に履歴書に職歴を記入しなければ選考対象とならない""結婚紹介サービスにおいて任意事項である年収を記載しない場合に年収を考慮した相手を紹介しない"などが挙げられる．

▶ "h) 本人が容易に知覚できない方法によって個人情報を取得する場合には，その旨"

例えば，ウェブサイトを訪れた際に，本人が容易に知覚できないクッキー（cookie：ウェブブラウザに保存される情報）を利用して個人情報を取得する場合などが挙げられるが，その場合には，当該方法により個人情報を取得している旨及び取得する個人情報の内容を示すことが求められる．

A.3.4 実施及び運用　　　131

▷**3** "人の生命，身体若しくは財産の保護のために緊急に必要がある場合，又
　　はただし書き A.3.4.2.4 の a)～d)のいずれかに該当する場合は，本人に
　　明示し，本人の同意を得ることを要しない."

"人の生命，身体又は財産の保護のために緊急に必要がある場合"は，個人
情報保護法第 18 条 2 項のただし書きを踏まえて規定している.

"A.3.4.2.4 の a)～d)"は，法第 18 条 4 項一号～四号を踏まえて規定されて
いる.

A.3.4.2.6　利用に関する措置

【附属書 A】

A.3.4.2.6	利用に関する措置*	組織は，特定した利用目的の達成に必要な範囲内で個人情報を利用しなければならない. 　特定した利用目的の達成に必要な範囲を超えて個人情報を利用する場合は，あらかじめ，少なくとも，**A.3.4.2.5** の **a)～f)** に示す事項又はそれと同等以上の内容の事項を本人に通知し，本人の同意を得なければならない. ただし，**A.3.4.2.3** の **a)～d)** のいずれかに該当する場合には，本人の同意を得ることを要しない[*6].

【附属書 B】

B.3.4.2.6　利用に関する措置

"特定した利用目的の達成に必要な範囲を超えて個人情報を利用する場合"とは，例
えば，組織内のある部門が本人の同意を得て取得した個人情報を他の部門が本人の同意
を得た当初の目的の範囲外で利用する場合，組織が利用目的を特定した日以降に利用目
的を変更し，かつ，**A.3.4.2.4** 又は **A.3.4.2.5** によって既に利用目的を明らかにしてい
る場合などをいう.

なお，本人が想定できる範囲であっても，同意を得た範囲を超えて利用目的を変更す
ることは目的外利用に該当する点に注意することが望ましい.

A.3.4.2.3 a)は，法令に基づいて個人情報を取り扱う場合をいう. 例えば，刑事訴訟
法第 218 条の令状による捜査に基づき，個人情報を取り扱う場合，少年法第 6 条の 5
の令状による触法少年の調査の場合，所得税法第 234 条の所得税に係る税務職員の質
問検査権の行使の場合，地方税法第 72 条の 7 の事業税に係る徴税吏員の質問検査権行

[*6]　JIS Q 15001:2017 に対して 2018 年 3 月 15 日に正誤票が公表されている. A.3.4.2.6
の第 2 段落の記述はこの正誤票を反映したものである.

132　　第 5 章　JIS Q 15001 の管理目的及び管理策の解説

使の場合などをいう.

　A.3.4.2.3 b)は, 人（法人を含む.）の生命又は財産といった具体的な権利利益が侵害されるおそれがあり, これを保護するために個人情報の利用が必要であり, かつ, 本人の同意を得ることが困難である場合（他の方法によって, 当該権利利益の保護が十分可能である場合を除く.）をいう. 例えば, 1)急病その他の事態時に, 本人について, その血液型, 家族の連絡先などを医師及び看護師に提供する場合, 2)製品事故が生じているか, 又は製品事故は生じていないが人の生命若しくは身体に危害を及ぼす急迫した危険が存在するために, 製造事業者などが消費生活用製品をリコールする場合であって, かつ, 販売事業者, 修理事業者, 設置工事事業者などが当該製造事業者などに対して, 当該製品の購入者などの情報を提供する場合などをいう.

　A.3.4.2.3 c)は, 公衆衛生の向上又は心身の発展途上にある児童の健全な育成のために特に必要な場合であり, かつ, 本人の同意を得ることが困難である場合（他の方法によって, 当該権利利益の保護が十分可能である場合を除く.）をいう. 例えば, 不登校生徒の問題行動について, 児童相談所, 学校, 医療行為などの関係機関が連携して対応するために, 当該関係機関などの間で当該児童生徒の情報を交換する場合などをいう.

　A.3.4.2.3 d)は, 国の機関などが法令の定める事務を実施する上で, 民間企業の協力を得る必要がある場合であり, 協力する民間企業などが目的外利用を行うことについて, 本人の同意を得ることが当該事務の遂行に支障を及ぼすおそれがあると認められる場合をいう. 例えば, 組織が, 税務署の職員などの任意調査に対し, 個人情報を提出する場合などをいう.

　A.3.4.2.3 b)～c)の場合に該当するかどうかについては, 当事者のし（恣）意的な判断ではなく, 条理又は社会通念による客観的判断のもとで, 極力限定的に解釈することが望ましい.

　A.3.4.2.3 d)の場合に国の機関などによる任意の求めに応じるかどうかについては, 当事者のし（恣）意的な判断ではなく, 条理又は社会通念による客観的判断のもとで, 限定的に解釈することが望ましい.

❑ 解　説

　本項は項目の内容に変更はない. ただし, 旧規格からの用語変更及び規格本文の変更に伴う記述内容の変更がなされている.

　本項は, "A.3.3.1 個人情報の特定" によって特定された利用目的の達成に必要な範囲を超えて個人情報を取り扱うことを禁止し, その範囲を超えて個人情報を取り扱う場合, あらかじめ "A.3.4.2.5 A.3.4.2.4 のうち本人から直接書面によって取得する場合の措置" の a)～f)に示す事項を通知し, "本人の同意" を要するとした要求事項である. また, 併せて適用除外事項〔A.3.4.2.3

A.3.4 実施及び運用 133

の a)～d)〕を定めている．

▷1 "特定した利用目的の達成に必要な範囲内で個人情報を利用しなければならない．"

　組織は，多くの顧客との接点を通じて，多種多様な個人情報を日々取得し続けている．"特定した利用目的の達成に必要な範囲内で個人情報を利用"するためには，少なくとも個人情報を利用するたびに，個人情報ごとにその利用目的を参照する必要がある．マニュアル処理かコンピュータ処理かその方法は問わないが，こうした利用目的の参照機能を担保することが必要である．

　また，氏名や住所などの個人情報をキーに名寄せした場合に，一人に対して複数の利用目的が記録されている場合がある．この場合は，どの利用目的の範囲内で利用すべきか現場は大きく判断に迷うこととなる．例えば，商品 A 購入時に氏名，住所などの個人情報を組織が取得する際は，ダイレクトメールなどのプロモーションには一切利用しないことを利用目的中に定めていたが，商品 B 販売時には，取得した氏名，住所などの個人情報を用いて自社の案内を送付することを利用目的中に記載していた場合どうするか．顧客データベース（顧客名簿）上の氏名・住所は同じであるが，異なる（矛盾する）利用目的が記録されているわけである．果たして，組織はこの氏名・住所を利用してダイレクトメールを送付することが許されるのかどうかという問題である．

　適正な事業活動の遂行を考えた場合には，いつどこで取得した個人情報であるか，その際にどのような利用目的を示したのかを立証できるのであれば，その範囲で個人情報を利用できるものと理解してよい．すなわち，商品 B 販売時に示した利用目的の範囲内であることを確認した上で，ダイレクトメールを送付できるということになる．しかし，顧客本人からすれば，釈然としない場合もあるため，この点の運用ルールはあらかじめ内部規程に定めるだけではなく（"A.3.3.5 内部規程"），本人に対しても契約などに利用目的の運用ルールを示すなど一定の対応が必要となる．少なくとも本人から苦情があった場合は，納得できる説明を要することになる（"A.3.6 苦情及び相談への対応"）．

134   第 5 章　JIS Q 15001 の管理目的及び管理策の解説

大量の個人情報を用いる場合の利用目的の管理については，データベース・システムの仕様変更などを伴う情報システム上の対応が必要であり，併せて"A.3.4.2.1 利用目的の特定"の考え方の整理，利用目的の変更手続，通知の求めに対する対応手続，利用目的に関する"A.3.6 苦情及び相談"時の対応手続などを検討し，要求仕様及び運用ルールに反映させる必要がある．

▷**2** "A.3.4.2.3 の a)〜d)のいずれかに該当する場合には，本人の同意を得ることを要しない．"

A.3.4.2.3 の a)〜d)は，個人情報保護法第 16 条 3 項一号〜四号及び同法第 23 条 1 項一号〜四号を踏まえて規定したものである．

　▶ "a) 法令に基づく場合"

法令に基づいて個人情報を取り扱う場合をいう．例えば，刑事訴訟法第 218 条（令状による差押え・捜索・検証）の令状による捜査に基づき，個人情報を取り扱う場合をいう．

　▶ "b) 人の生命，身体又は財産の保護のために必要がある場合であって，本人の同意を得ることが困難であるとき"

人（法人を含む．）の生命又は財産といった具体的な権利利益が侵害されるおそれがあり，これを保護するために個人情報の利用が必要であり，かつ，本人の同意を得ることが困難である場合（他の方法により，当該権利利益の保護が十分可能である場合を除く．）をいう．例えば，急病その他の事態時に，本人の血液型や家族の連絡先等を医師や看護師に提供する場合をいう．

　▶ "c) 公衆衛生の向上又は児童の健全な育成の推進のために特に必要がある場合であって，本人の同意を得ることが困難であるとき"

公衆衛生の向上又は心身の発展途上にある児童の健全な育成のために特に必要な場合であり，かつ，本人の同意を得ることが困難である場合（他の方法により，当該権利利益の保護が十分可能である場合を除く．）をいう．例えば，不登校生徒の問題行動について，児童相談所，学校，医療行為等の関係機関が連携して対応するために，当該関係機関等の間で当該児童生徒の情報を交換す

A.3.4 実施及び運用

る場合をいう.

▶ "d) 国の機関若しくは地方公共団体又はその委託を受けた者が法令の定める事務を遂行することに対して協力する必要がある場合であって,本人の同意を得ることによって当該事務の遂行に支障を及ぼすおそれがあるとき"

国の機関等が法令の定める事務を実施する上で,民間企業の協力を得る必要がある場合であり,協力する民間企業等が目的外利用を行うことについて,本人の同意を得ることが当該事務の遂行に支障を及ぼすおそれがあると認められる場合をいう.国の機関等による任意の求めに応じるかどうかについては,当事者のし(恣)意的な判断ではなく,条理又は社会通念による客観的判断のもとで,限定的に解釈する必要がある.例えば,組織が,税務署の職員等の任意調査に対し,個人情報を提出する場合をいう.

なお,上述したb),c)の場合に該当するかどうかについては,当事者のし(恣)意的な判断ではなく,条理又は社会通念による客観的判断のもとで,極力限定的に解釈する必要がある.

136　　第 5 章　JIS Q 15001 の管理目的及び管理策の解説

A.3.4.2.7　本人に連絡又は接触する場合の措置

【附属書 A】

| A.3.4.2.7 | 本人に連絡又は接触する場合の措置* | 組織は，個人情報を利用して本人に連絡又は接触する場合には，本人に対して，A.3.4.2.5 の a) 〜 f) に示す事項又はそれと同等以上の内容の事項，及び取得方法を通知し，本人の同意を得なければならない．ただし，次に掲げるいずれかに該当する場合は，本人に通知し，本人の同意を得ることを要しない．
a)　A.3.4.2.5 の a) 〜 f) に示す事項又はそれと同等以上の内容の事項を明示又は通知し，既に本人の同意を得ているとき
b)　個人情報の取扱いの全部又は一部を委託された場合であって，当該個人情報を，その利用目的の達成に必要な範囲内で取り扱うとき
c)　合併その他の事由による事業の承継に伴って個人情報が提供され，個人情報を提供する組織が，既にA.3.4.2.5 の a) 〜 f) に示す事項又はそれと同等以上の内容の事項を明示又は通知し，本人の同意を得ている場合であって，承継前の利用目的の範囲内で当該個人情報を取り扱うとき
d)　個人情報が特定の者との間で共同して利用され，共同して利用する者が，既に A.3.4.2.5 の a) 〜 f) に示す事項又はそれと同等以上の内容の事項を明示又は通知し，本人の同意を得ている場合であって，次に示す事項又はそれと同等以上の内容の事項を，あらかじめ，本人に通知するか，又は本人が容易に知り得る状態に置いているとき（以下，"共同利用"という．）
—共同して利用すること
—共同して利用される個人情報の項目
—共同して利用する者の範囲
—共同して利用する者の利用目的
—共同して利用する個人情報の管理について責任を有する者の氏名又は名称
—取得方法
e)　A.3.4.2.4 の d) に該当するため，利用目的などを本人に明示，通知又は公表することなく取得した個人情報を利用して，本人に連絡又は接触するとき
f)　A.3.4.2.3 のただし書き a) 〜 d) のいずれかに該当する場合 |

A.3.4 実施及び運用 137

【附属書 B】

B.3.4.2.7　本人に連絡又は接触する場合の措置

A.3.4.2.7 の "本人に連絡又は接触する" とは，個人情報の利用目的の達成に当たり，本人に対し，郵便，電話，メールなどを送ること又は訪問することなどをいう．

A.3.4.2.7 の "取得方法" については，"同窓会名簿" 及び "官報" などの取得源の種類並びに "書店から購入" などの取得経緯を通知することが望ましい．

A.3.4.2.7 の同意は，例えば，ダイレクトメールの場合，最初に出すダイレクトメールに通知文書を同封して送付し，本人の同意が得られれば，継続して本人に連絡又は接触してもよい．

なお，回答がない場合には同意がなかったものとみなすことが望ましい．

A.3.4.2.7 b）によって個人情報の取扱いの委託を受けた者は，個人情報の取扱いに際し，委託の本旨に反して利用及び提供をすることは当然に許されないことであり，また，この規格に従い，個人情報を適正に管理することが望ましい．

なお，委託を受けた者が，自身は適正に業務を実施するとしても，結果として個人情報の不適正な利用を助長することになれば，それもまた当然に許されないことといえる．したがって，委託を受ける者は，委託を受けた個人情報が適正に取得されたものかどうか，委託者に確認することが望ましく，委託する者が明らかに法令に違反している場合には，委託を受けないことが望ましい．

A.3.4.2.7 d）は，個人情報を第三者から取得することによって共同利用に参加する場合が該当する．この場合も，組織は，要求事項に基づく措置を講じることが望ましい．

A.3.4.2.7 d）の "共同して利用する者の範囲" とは，本人からみてその範囲が明確である内容であるが，範囲が明確である限りは，必ずしも個別列挙しなくてもよい．例えば，共同して利用する者の最新のリストを本人が容易に知り得る状態に置いているときなどをいう．

A.3.4.2.7 d）の "共同して利用する個人情報の管理について責任を有する者の氏名又は名称" とは，開示等の請求等（A.3.4.4.1 以下を参照．）及び苦情を受け付け，その処理に尽力するとともに，個人情報の内容などについて，開示，訂正，利用停止などの権限を有し，安全管理など個人情報の管理について責任を有する者の氏名又は名称（共同して利用する者の中で，第一次的に苦情の受付・処理，開示・訂正などを行う権限を有する者を，"責任を有する者" といい，共同して利用する者の内部の担当責任者をいうのではない．）をいう．

A.3.4.2.7 d）に規定する共同利用を実施する際には，共同して利用する者の間で，共同して利用する者の要件，各共同して利用する者の個人情報取扱責任者・問合せ担当者及び連絡先，共同利用する個人情報の取扱いに関する事項（漏えい防止に関する事項，目的外加工，利用，複写，複製の禁止など），共同利用する個人情報の取扱いに関する取決めが遵守されなかった場合の措置，共同利用する個人情報に関する事件・事故が発

138 第5章 JIS Q 15001 の管理目的及び管理策の解説

生した場合の報告・連絡に関する事項,共同利用を終了する際の手続などを取り決めて
おくことが望ましい.

❏ 解 説

本項は,旧規格での"アクセスする"が"連絡する又は接触する"に変更さ
れている.項目の内容に変更はない.ただし,旧規格からの用語変更及び規格
本文の変更に伴い,"事業者"が"組織"に記述内容の変更がなされている.

本項は,個人情報を利用して本人に連絡又は接触する場合に,本人に対して
必要な通知事項を通知し,同意を得なければ,原則として当該個人情報を利用
して本人に連絡又は接触してはならないことを定めるとともに,例外的に本人
の同意を得ずに本人に連絡又は接触することが認められる場合について定める
ものである.

▷1 "個人情報を利用して本人に連絡又は接触する"

"個人情報を利用して本人に連絡又は接触する"とは,"A.3.4.2.1 利用目的
の特定"において,特定した利用目的の達成に必要な範囲内で,本人に対して
郵便,電話又はメールなどで連絡する又は接触することをいう.

本人に連絡又は接触する場合には,本人に対して次の通知事項を通知し,本
人の同意を得る必要がある.

① "A.3.4.2.5 A.3.4.2.4 のうち本人から直接書面によって取得する場合の
措置"において定められている直接書面取得時の通知事項の a)～f)に示
す事項又はそれと同等以上の内容の事項

② 取得方法

▷2 "通知し,本人の同意を得なければならない."

本人の同意は,本項の定める通知事項を通知した上で同意を得ることを意味
する.例えば,ダイレクトメールを送付することで本人に連絡又は接触する場
合,最初に送付するダイレクトメールに通知事項を記した文書を同封し,本人
の同意が得られれば,継続して本人に連絡又は接触できることになる.

A.3.4 実施及び運用 139

　なお，本人に連絡又は接触する場合に，事前に同意を得るための連絡を行うことまでを求めるものではない．また，必要な通知事項を通知した上で，本人から特に回答がない場合に同意を得たものとみなすことは原則として不適切であり，可能な限り明示的な同意を得ることが求められる．

　このように，“原則として明示的な同意を得ることが求められる”とされたのは，例えば，スパムメールに対しては返信をしないのが一般的であるなど，身に覚えのないところからの連絡に対して回答を行わなかったとしても，黙示的な同意があるとはいえない場合が多いからである．このため，本人が心理的負担及び経済的負担もなく明示的に意思表示しようと思えば容易にできたにもかかわらず，同意の意思が示されなかったような場合については，黙示の同意があるとみなすことできると考えられる．

▷**3**　“それと同等以上の内容の事項”
　a), c), d)における“それと同等以上の内容の事項”とは，第三者提供が予定される場合に提供先における利用目的や，委託が予定される場合に委託先の組織の氏名又は名称を通知することなどが挙げられる．

▷**4**　“取得方法”
　d)の“取得方法”として通知する内容は，本人からみて具体的な取得方法を把握できるような内容であることが必要である．例えば，5W1Hのように，どのような情報（What）を，いつ（When），どこで（Where），どのように（How）といった内容の情報を通知することが望ましいといえる．なお，組織の氏名又は名称（Who）はA.3.4.2.5のa)の，利用目的（Why）は同項c)の通知事項と考えられる．

　具体的には“同窓会名簿”や“官報”等，取得した情報源の種類，その発行年や取得年度，“書店から購入”等の取得経緯を通知することをいう．

140 第 5 章　JIS Q 15001 の管理目的及び管理策の解説

▷**5**　"ただし，次に掲げるいずれかに該当する場合は，本人に通知し，本人の
　　同意を得ることを要しない."

　本項では，本人に連絡又は接触する際に，本人の同意を得ずに個人情報を利
用する手続についても定めている.

　▶　"a)　既に本人の同意を得ているとき"

　A.3.4.2.5 に定める個人情報の直接書面によって取得する場合に，A.3.4.2.5
の a)～f)の事項又はそれと同等以上の内容の事項を本人に明示し，本人の同
意を得ているときは，本人が同意した利用目的の範囲内で利用する限り，あら
ためて本人の同意を得る必要はない.

　また，"A.3.4.2.4　個人情報を取得した場合の措置"に定める直接書面以外
の方法による個人情報の取得の場合には，取得時の本人同意は求められていな
いが，取得時等に A.3.4.2.5 の a)～f)の事項又はそれと同等以上の内容の事項
を本人に明示又は通知し，本人の同意を得ているときは，直接書面によって取
得する場合と同様，本人が同意した利用目的の範囲内で利用する限り，あらた
めて本人の同意を得る必要はない.

　なお，特定した利用目的の達成に必要な範囲を超えて個人情報を利用するこ
とは，利用目的の達成に必要な範囲を超えた利用に該当するため，"A.3.4.2.6
利用に関する措置"により，本人の同意を得る必要がある.

　▶　"b)　委託"

　個人情報の取扱いに関する業務の全部又は一部を委託する場合に，委託の都
度本人から委託先への提供について同意を得る必要はない. なお，委託先への
提供に当たっては，委託先に対する監督責任が課される.

　本項の b)により，個人情報の取扱いの委託を受けた者が委託元から提供さ
れた個人情報を利用して本人に連絡又は接触する場合，利用目的の達成に必要
な範囲内で取り扱うときは本項の定める本人同意を得る必要はない.

　しかし，委託先として個人情報を取り扱うに際し，委託の本旨に反して利用
及び提供をすることは当然許されないことであり，また，本規格に従い，個人
情報を適正に管理する必要がある.

A.3.4 実施及び運用 141

　なお，委託を受けた者が，自身は適正に業務を実施するとしても，結果として個人情報の不適正な利用を助長することになれば，それもまた当然望ましいことではない．したがって，委託を受ける者は，委託を受けた個人情報が適正に取得されたものかどうかを委託者へ確認するように努めるべきであり，委託する者が明らかに法令に違反している場合には，委託を受けてはならない．

　▶ "c) 事業の承継"

　合併，分社化，営業譲渡等により，事業が承継され，個人情報が移転される場合は，新事業者への承継に当たって本人同意を得る必要はない．ただし，事業の承継後も，個人情報が譲渡される前の利用目的の範囲内で利用しなければならない．

　なお，事業の承継のための契約を締結するより前の交渉段階で相手会社から自社の調査を受け，自社の個人情報を相手会社へ提供する場合は，"A.3.4.2.8 個人データの提供に関する措置"の e) の解説（149 ページ）を参照されたい．

　▶ "d) 共同利用"

　個人情報を特定の者との間で共同して利用することがあるが，その場合は，次の 6 項目又はそれと同等以上の内容の事項を，あらかじめ，本人に通知し，又は本人が容易に知り得る状態に置くことで，本人の同意を得ることなく個人情報を共同で利用することができる．

① 共同して利用すること
② 共同して利用される個人情報の項目
③ 共同して利用する者の範囲
④ 共同して利用する者の利用目的
⑤ 共同して利用する個人情報の管理について責任を有する者の氏名又は名称
⑥ 取得方法

　なお，個人情報保護法は，共同利用に当たって，利用目的又は責任者の変更を認めているが，本項では利用目的の達成に必要な範囲内で，本人の同意に基づいて個人情報を利用することを求めているため，利用目的の変更に当たって

は，あらためて本人の同意を得ることが必要となる．

"④ 共同して利用する者の範囲"は本人からみてその範囲が明確である必要があるが，範囲が明確であれば，必ずしも個別列挙が必要でない場合もある．

"⑤ 共同して利用する個人情報の管理について責任を有する者の氏名又は名称"とは，開示等（"A.3.4.4 個人情報に関する本人の権利"以降を参照．）の求め及び苦情を受け付けてその処理に尽力するとともに，個人情報の内容等について開示，訂正，利用停止等の権限を有し，安全管理等個人情報の管理について責任を有する者の氏名又は名称（共同利用者の中で，第一次的に苦情の受付・処理，開示・訂正等を行う権限を有する組織を"責任を有する者"といい，共同利用者の内部の担当責任者をいうのではない．）をいう．

▶ "e) 利用目的が明らか"［A.3.4.2.4 の d)］

利用目的が明らかである場合には，個人情報を利用して本人に連絡又は接触することを本人が想定できるものと考えられることから，本人に連絡又は接触する場合にあらためて本人の同意を得る必要はない．

▶ "f) 適用除外"［A.3.4.2.3 のただし書き a)〜d)］

目的外利用の際の同意の適用除外（個人情報保護法第 16 条 3 項一号〜四号）及び第三者提供の際の同意の適用除外（同法 23 条 1 項一号〜四号）を踏まえて規定された"A.3.4.2.3 要配慮個人情報"の a)〜d)に該当する場合には，本人に連絡又は接触する場合にも本人の同意を得る必要はない．

A.3.4 実施及び運用　　　　　　　143

A.3.4.2.8　個人データの提供に関する措置

【附属書 A】

A.3.4.2.8	個人データの提供に関する措置*	組織は，個人データを第三者に提供する場合には，あらかじめ，本人に対して，**A.3.4.2.5** の **a)** ～ **d)** に示す事項又はそれと同等以上の内容の事項，及び取得方法を通知し，本人の同意を得なければならない．ただし，次に掲げるいずれかに該当する場合は，本人に通知し，本人の同意を得ることを要しない．
		a) **A.3.4.2.5** 又は **A.3.4.2.7** の規定によって，既に **A.3.4.2.5** の **a)** ～ **d)** の事項又はそれと同等以上の内容の事項を本人に明示又は通知し，本人の同意を得ているとき
		b) 本人の同意を得ることが困難な場合であって，法令等が定める手続に基づいた上で，次に示す事項又はそれと同等以上の内容の事項を，あらかじめ，本人に通知するか，又はそれに代わる同等の措置を講じているとき
		1) 第三者への提供を利用目的とすること
		2) 第三者に提供される個人データの項目
		3) 第三者への提供の手段又は方法
		4) 本人の請求などに応じて当該本人が識別される個人データの第三者への提供を停止すること
		5) 取得方法
		6) 本人からの請求などを受け付ける方法
		c) 法人その他の団体に関する情報に含まれる当該法人その他の団体の役員及び株主に関する情報であって，かつ，本人又は当該法人その他の団体自らによって公開又は公表された情報を提供する場合であって，**b)** の **1)** ～ **6)** で示す事項又はそれと同等以上の内容の事項を，あらかじめ，本人に通知するか，又は本人が容易に知り得る状態に置いているとき
		d) 特定した利用目的の達成に必要な範囲内において，個人データの取扱いの全部又は一部を委託するとき
		e) 合併その他の事由による事業の承継に伴って個人データを提供する場合であって，承継前の利用目的の範囲内で当該個人データを取り扱うとき
		f) 個人データを共同利用している場合であって，共同して利用する者の間で，**A.3.4.2.7** に規定する共同利用について契約によって定めているとき
		g) **A.3.4.2.3** のただし書き **a)** ～ **d)** のいずれかに該当する場合

144　　　第 5 章　JIS Q 15001 の管理目的及び管理策の解説

【附属書 B】

B.3.4.2.8　個人データの提供に関する措置

　A.3.4.2.8 a) の規定によって，個人情報を直接取得する時点で，情報の提供について，本人から再提供を含めて同意を得ている提供者から取得した場合は，本人が同意した利用目的の範囲内で提供する限り，改めて本人の同意を得る必要がない．例えば，本人の同意を得て作成されている名簿を販売するときがこれに該当する．

　本人に通知する事項には，A.3.4.2.5 d) の "個人情報を第三者に提供することが予定される場合の事項" が含まれるが，ここでは "個人情報" を "個人データ" と読み替えてもよい．

　なお，特定した利用目的の達成を必要な範囲を超えて個人データを提供することは，利用目的の達成に必要な範囲を超えた利用となり，A.3.4.2.8 a) の規定に該当しないため，A.3.4.2.6 の規定によって，本人の同意を得ることが望ましい．

　A.3.4.2.8 b) の "本人の同意を得ることが困難な場合" に該当するかどうかの解釈は，大量の個人のデータを広く一般に提供する場合など，公共的な有益性と本人の不利益とを比較し，条理又は社会通念による客観的判断のもとで，極力限定的に解釈することが望ましい．

　なお，この場合には法令等の定めに基づく届出の手続を行うことも含まれる．

　A.3.4.2.8 c) の "法人その他の団体の役員に関する情報" とは，株主，顧客に配布される書類などに記載されている役員の履歴，持株数など，本人又は当該法人その他の団体自らによって公表されているような情報をいう．個人が営業する屋号については，法人その他の団体の役員に関する情報と考えてもよい．

　"本人が容易に知り得る状態" とは，本人が知ろうとすれば，時間的にも，その手段においても，簡単に知ることができる状態に置いていることをいい，事業の性質及び個人情報の取扱状況に応じ，内容が本人に認識される合理的かつ適切な方法によることをいう．

　A.3.4.2.8 e) に関連して，A.3.4.2.8 e) に該当する場合に加え，事業の承継のために，事業承継の契約を締結するより前の交渉段階で，相手会社から自社の調査を受け，自社の個人情報を相手会社へ提供する場合は，当該個人情報の利用目的及び取扱方法，漏えいなどが発生した場合の措置，事業承継の交渉が不調となった場合の措置など，相手会社に安全管理措置を遵守させるため必要な契約を締結することについても A.3.4.2.8 e) に含めて差し支えない．

　A.3.4.2.8 f) は，個人情報を第三者に提供することによって共同利用への参加を認める場合が該当する．共同利用の留意事項については，B.3.4.2.7 を参照．

❏ 解　説

　本項では，旧規格での "個人情報" が個人情報保護法に合わせて "個人デー

タ”に変更されている.

改正個人情報保護法における個人情報取扱事業者の義務の主な改正事項は,

① 利用目的の特定

② 適正な取得

③ データ内容の正確性の確保等

④ 第三者提供の制限

⑤ 外国にある第三者への提供の制限

⑥ 第三者提供に係る記録の作成等

⑦ 第三者提供を受ける際の確認等

⑧ 開示等

である.これらのうち,④,⑤,⑥,⑦が第三者提供に係る義務に関係する手続である.

④はオプトアウト手続の届出・公表(同法第23条2項～4項)と要配慮個人情報のオプトアウトによる第三者提供の禁止(同法第23条2項),⑤は外国にある第三者への提供(同法第24条),⑥及び⑦はトレーサビリティの確保(同法第25条,第26条)について,新たな手続が定められている.さらに,“個人情報データベース等提供罪”(同法第83条)も創設された.

▷1 “組織は,個人データを第三者に提供する場合には”

個人データを第三者に提供するに当たっては,その提供時点よりも前に,本人に対して,取得方法及び“A.3.4.2.5 A.3.4.2.4 のうち本人から直接書面によって取得する場合の措置”に定める個人情報を直接書面によって取得する場合の通知事項のうち,a)～d)の事項又はそれと同等以上の内容の事項を通知し,本人の同意を得ることを求めている.

個人情報保護法では,個人情報取扱事業者の義務規定の適用を限定するために“個人データ”の第三者提供を制限しているのに対して,旧規格では“個人情報”の第三者提供としていたが,本規格では法律の用語に合わせて“個人データ”に用語が変更されている.

146　　第 5 章　JIS Q 15001 の管理目的及び管理策の解説

なお，個人データに用語が変更されているが，同法第 3 条の基本理念においても，検索性・体系性を有する個人情報データベース等を構成する個人データであるか否かを問わず，"個人情報は，個人の人格尊重の理念の下に慎重に取り扱われるべきものであることにかんがみ，その適正な取扱いが図られなければならない."と規定されている．なお，旧規格が，より厳格な個人情報保護への取組みを行うに当たって必要な事項を定める趣旨に鑑みて，原則として個人情報の第三者提供を制限することで，より高度な個人情報保護の水準を確保することを目指す上で必要と考えられる事項を定めてきた趣旨は本規格においても継承されている．

"それと同等以上の内容の事項"とは，A.3.4.2.5 の通知事項のうち，a)～d)を本人に通知し，同意を得ることで足りるが，それ以外にも，提供先における利用目的などを通知することを意味する．

▷2　"ただし，次に掲げるいずれかに該当する場合は，本人に通知し，本人の同意を得ることを要しない."

本項は，本人の同意を得ずに個人情報を第三者に提供することを原則禁止しているが，本人の同意を得ることなく個人情報を提供することができる一定の例外を設けている．

　▶　"a) 既に（中略）本人の同意を得ているとき"

A.3.4.2.5 に定める個人情報の直接書面取得時又は"A.3.4.2.7 本人に連絡又は接触する場合の措置"に定める本人に連絡又は接触する場合の措置に関する規定によって，既に A.3.4.2.5 の a)～d) 又はそれと同等以上の内容の事項を本人に明示又は通知し，本人の同意を得ているときは，個人情報情報の提供について本人が同意した利用目的の範囲内で提供する限り，あらためて本人の同意を得る必要はない．例えば，本人の同意を得て作成されている名簿は，販売のときにあらためて同意を得る必要はない．

なお，特定した利用目的の達成に必要な範囲を超えて個人情報を提供することは，利用目的の達成に必要な範囲を超えた利用に該当するため，"A.3.4.2.6

A.3.4 実施及び運用 147

利用に関する措置”により，本人の同意を得る必要がある．

▶ “b) 本人の同意を得ることが困難な場合”

旧規格では“大量の個人情報を広く一般に提供する”との記載があり，大量の個人情報が登録されているデータベースをデータベース事業などにおいて販売することなど，本人の同意を得ることが困難な場合として例示がなされていた．

このような形態で個人データを提供することは，本人が不知・不識のうちに個人情報が提供されることになりかねないため，本来であれば本人の同意を得ることが望ましいが，データベースに登録されている全ての本人から同意を得ることは事実上困難な場合も想定される．また，このような事業が個人の便益を増大させ社会経済の発展に資する意義も認められる．

そこで，本人から直接同意を得なくても，個人情報の提供よりも前の時点で通知事項を本人に通知し，又はそれに代わる同等の措置を講じているときに，個人データを提供することができる手続を定めたものである．

提供に当たって必要な通知事項は以下の6項目である．

① 第三者への提供を利用目的とすること

② 第三者に提供される個人データの項目

③ 第三者への提供の手段又は方法

④ 本人の請求などに応じて当該本人が識別される個人データの第三者への提供を停止すること

⑤ 取得方法

⑥ 本人からの請求などを受け付ける方法

個人情報保護法は，個人データの提供に当たっては，あらかじめオプトアウトに応じる上で必要な，上記①から④及び⑥の5項目の情報を，本人に通知し，又は本人が容易に知り得る状態に置くとともに，本人の求めに応じて第三者への提供を停止することとしている場合には，本人の同意を得ずに個人データを第三者に提供することができる．

148　　第5章　JIS Q 15001 の管理目的及び管理策の解説

なお，"⑤ 取得方法" は個人情報保護法には定められていない項目であるが，旧規格からの改正においても当該項目は維持している．

また，改正個人情報保護法第23条2項では，オプトアウトによる個人データの第三者提供に係る手続につき，新たに個人情報保護委員会への届出を義務付けるとともに，同条4項では同委員会が当該届出に係る事項を公表する手続が法定されている．"B.3.4.2.8 個人データの提供に関する措置" において，"法令等の定めに基づく届出の手続を行うこと" について記載されている通り，オプトアウト手続による個人データの第三者提供に係る届出等については，第三者提供に係る事前の通知等や外国にある個人情報取扱事業者の代理人などの手続をはじめとして，法令遵守のために必要な手続を確認することが必要である．

"本人の同意を得ることが困難な場合" とは，一般に広く提供することの有益性と本人の被る不利益とを比較し，条理又は社会通念による客観的判断のもとで，極力限定的に解釈する必要がある．

"それに代わる同等の措置" とは，名簿に掲載されている個人情報の数が大量であるため，個別に本人に通知をすることが困難な場合に，その名簿を作成した所属組織宛に本人への通知を依頼し，所属組織を通じて通知をしてもらうような場合がこれに当たる．例えば，データベース事業者等が，企業の総務部や人事部から従業員の個人情報を取得する場合に，データベース事業者から通知事項を本人に直接通知するのではなく，会社の総務部等に通知を依頼することで本人に通知することなどが挙げられる．したがって，公表又は本人に知り得る状態に置くことだけでは，通知に代わる同等の措置を講じたことにはならない．

▶　"c) 当該法人その他の団体の役員及び株主に関する情報"

"当該法人その他の団体の役員及び株主に関する情報" とは，株主総会などで配付される事業報告書など，株主や顧客に配付される書類に記載されている役員の履歴，持株数など，法令又は本人若しくは当該法人その他の団体自らによって公表されているような情報を指す．個人が営業する屋号については，法

A.3.4 実施及び運用 149

人その他の団体の役員に関する情報と考えてよい.

　企業の財務情報等，法人等の団体そのものに関する情報は個人情報には当たらないが，法人情報には，当該法人その他の団体の役員及び株主に関する情報が含まれていることがあり，それらの情報は個人情報に該当する．その場合，役員や株主に関する情報は法令に基づいて公開されている場合があり，また，本人又は当該法人その他の団体自らによって公開されている場合もある．そのように公表された情報を提供する場合には，前記 b) で示す事項又はそれと同等以上の内容の事項を，あらかじめ，本人に通知し，又は本人が容易に知り得る状態に置き，個人情報保護委員会に届け出ることによって，本人の同意を得ることなく個人データを提供することができる.

　企業に関する情報に役員の氏名等が入っている場合は，通知だけでなく，本人が容易に知り得る状態に置くことで第三者に提供することができる.

　このような企業情報に含まれる役員等の場合は，データベース事業者等に対して本人に通知することを求めることが困難な場合も想定され，一方で，通知しなければならない必要性も少ないため，通知だけでなく，本人が容易に知り得る状態に置くことも認められる.

▶ "c) 本人が容易に知り得る状態"

"本人が容易に知り得る状態" とは，本人が知ろうとすれば，時間的にも，その手段においても，簡単に知ることができる状態に置いていることをいい，事業の性質及び個人情報の取扱い状況に応じ，内容が本人に認識される，合理的かつ適切な方法による必要がある.

▶ "d) 委託"

　個人データの取扱いに関する業務の全部又は一部を委託する場合に，委託の都度本人から委託先への提供について同意を得る必要はない．なお，委託先への提供に当たっては，委託先に対する監督責任が課される.

▶ "e) 事業の承継に伴って（中略）当該個人データを取り扱うとき"

　合併や分社化，営業譲渡等により，事業が承継され，個人データが移転される場合は，新事業者への承継に当たって本人同意を得る必要はない．ただし，

150   第5章　JIS Q 15001 の管理目的及び管理策の解説

事業の承継後も，個人情報は譲渡される前の利用目的の範囲内で利用する必要
がある．

　なお，事業の承継のための契約を締結するより前の交渉段階で，相手会社か
ら自社の調査を受け，自社の個人データを相手会社へ提供する場合は，第三者
提供となり得るため，当該データの利用目的及び取扱方法，漏えい等が発生し
た場合の措置，事業承継の交渉が不調となった場合の措置等，相手会社に安全
管理措置を遵守させるために必要な契約を締結しなければならない．

　▶　"f)　共同利用"

　個人情報を特定の者との間で共同して利用することがある．その場合は，
"A.3.4.2.7 本人に連絡又は接触する場合の措置"に規定する共同利用につい
て契約で定める必要がある．

　▶　"g)　適用除外"

　A.3.4.2.3 の a)〜d)に該当する場合には，第三者に個人データを提供する場
合にも，本人の同意を得る必要はない．

A.3.4.2.8.1　外国にある第三者への提供の制限

【附属書 A】

A.3.4.2.8.1	外国にある第三者への提供の制限*	組織は，法令等の定めに基づき，外国にある第三者に個人データを提供する場合には，あらかじめ外国にある第三者への提供を認める旨の本人の同意を得なければならない．ただし，**A.3.4.2.3 の a)〜d)** のいずれかに該当する場合及びその他法令等によって除外事項が適用される場合には，本人の同意を得ることを要しない．

【附属書 B】

B.3.4.2.8.1　外国にある第三者への提供の制限
　"法令等の定めに基づく外国にある第三者"には，提供元の組織と法人格とが別の関連会社又は子会社も含まれる．一方で，日本の法人格を有する当該組織の外国支店などは第三者には当たらない．

A.3.4 実施及び運用　　　　　151

□ 解　説

　個人情報保護法の改正により新たに定められた手続であり，それを踏まえて本項が新設された．

　個人情報保護法の改正に伴い新設された個人情報取扱事業者の義務については，本規格においても新設項目として追加されている．しかし，本規格は工業標準化法に基づくマネジメントシステム規格であり，個人情報保護法に基づく指針ではないため，旧規格に該当する手続が存在しない項目について法解釈に係る解説は行わない．個人情報保護法が定める個人情報取扱事業者の義務を遵守されたい．

　したがって，"A.3.4.2.8.1 外国にある第三者への提供の制限""A.3.4.2.8.2 第三者提供に係る記録の作成など""A.3.4.2.8.3 第三者提供を受ける際の確認など""A.3.4.2.9 匿名加工情報"については，個人情報保護法が定める個人情報取扱事業者の義務を遵守する上で必要な手続を確認することが必要である．

A.3.4.2.8.2　第三者提供に係る記録の作成など

【附属書A】

A.3.4.2.8.2	第三者提供に係る記録の作成など*	組織は，個人データを第三者に提供したときは，法令等の定めるところによって記録を作成し，保管しなければならない．ただし，**A.3.4.2.3 の a)～d)** のいずれかに該当する場合，又は次に掲げるいずれかに該当する場合は，記録の作成を要しない． **a)** 　個人情報取扱事業者が利用目的の達成に必要な範囲内において個人データの取扱いの全部又は一部を委託することに伴って当該個人データが提供される場合 **b)** 　合併その他の事由による事業の承継に伴って個人データが提供される場合 **c)** 　特定の者との間で共同して利用される個人データが当該特定の者に提供される場合であって，その旨並びに共同して利用される個人データの項目，共同して利用する者の範囲，利用する者の利用目的及び当該個人データの管理について責任を有する者の氏名又は名称について，あらかじめ，本人に通知するか，又は本人が容易に知り得る状態に置いているとき．

152 第5章 JIS Q 15001 の管理目的及び管理策の解説

【附属書 B】

> **B.3.4.2.8.2　第三者提供に係る記録の作成など**
>
> 　個人データを第三者に提供したときは，当該個人データを提供した①年月日，②当該第三者の氏名又は名称，及び③その他の法令等で定める事項に関する記録の作成義務が課され，当該記録を作成した日から法令等で定める期間保存することが法令で定められている．
>
> 　なお，本人の同意があっても記録義務は免除されないことが法令で定められている．
>
> 　記録の作成方法は，書面又は電子データのいずれでもよく，別途特別に紙ファイル又はデータベースを作成しなくても，年月日，提供の相手方などの記録すべき事項がログ，IP アドレスなどの一定の情報を分析することによって明らかになる場合には，その状態を保存することで差し支えない．
>
> 　**A.3.4.2.8.2 c)** は，個人情報を第三者に提供することによって共同利用する場合が該当する．共同利用の留意事項については，**B.3.4.2.7** を参照．

❑ 解　説

　個人情報保護法の改正により新たに定められた手続であり，それを踏まえて本項が新設された．

　個人情報保護法の改正に伴い新設された本規格の新設項目の解説の扱いについては，"A.3.4.2.8.1 外国にある第三者への提供の制限" の解説において言及した通りである．

A.3.4.2.8.3　第三者提供を受ける際の確認など

【附属書 A】

A.3.4.2.8.3	第三者提供を受ける際の確認など*	組織は，第三者から個人データの提供を受けるに際しては，法令等の定めるところによって確認を行わなければならない．ただし，**A.3.4.2.3** の a)〜d) のいずれかに該当する場合，又は **A.3.4.2.8.2** の a)〜c) のいずれかに該当する場合は，確認を要しない． 　組織は，法令等の定めるところによって確認の記録を作成，保管しなければならない．

A.3.4 実施及び運用　　　153

【附属書 B】

> **B.3.4.2.8.3　第三者提供を受ける際の確認など**
>
> 　第三者から個人データの提供を受けるに際しては，提供先（受領側）において，①提供元である第三者の氏名又は名称及び住所並びに法人などについては代表者の氏名，②提供元である第三者による当該個人データの取得の経緯を確認することが法令で定められている.
>
> 　①及び②の確認を行ったときは，法令等の定めに基づく記録を作成することとされている.
>
> 　**B.3.4.2.8.2** も含め，トレーサビリティの確保に係る義務によって作成された記録が"保有個人データ"に該当する場合は，開示請求の対象にすることが望ましい.

❑ 解　説

　個人情報保護法の改正により新たに定められた手続であり，それを踏まえて本項が新設された.

　個人情報保護法の改正に伴い新設された本規格の新設項目の解説の扱いについては，"A.3.4.2.8.1 外国にある第三者への提供の制限"の解説において言及した通りである.

A.3.4.2.9　匿名加工情報

【附属書 A】

A.3.4.2.9	匿名加工情報*	組織は，匿名加工情報の取扱いを行うか否かの方針を定めなければならない.
		組織は，匿名加工情報を取り扱う場合には，本人の権利利益に配慮し，かつ，法令等の定めるところによって適切な取扱いを行う手順を確立し，かつ，維持しなければならない.

154   第 5 章　JIS Q 15001 の管理目的及び管理策の解説

【附属書 B】

B.3.4.2.9　匿名加工情報

　個人情報保護リスク軽減の観点から，組織は，匿名加工情報を安易に個人情報保護マネジメントシステムの対象外と捉えることなく，匿名加工情報の取扱いの各局面において復元のリスクがないかなどについてリスクアセスメント及びリスク対策を行うことが望ましい．“匿名加工情報の取扱いを行うか否かの方針”とは，このリスクアセスメント及びリスク対策の結果である．したがって，当該方針の文書化及び外部への公表の要否についても，リスクアセスメント及びリスク対策を踏まえた運用となる．匿名加工情報取扱いのリスクアセスメント及びリスク対策は，**A.3.3.3** を参考に行うことが望ましい．

　“適切な取扱いを行う手順”は，法令等の遵守の観点から，文書化した情報として管理し，**A.3.5** を参考に内部規程の作成，記録の管理などを行うことが望ましい．また，**A.3.4.5** に基づく教育の実施など，匿名加工情報を取り扱う担当者を踏まえた管理を行うことも有効であるといえる．組織が，**附属書 A** に示す管理策を参考に匿名加工情報を管理することが，“確立し，かつ，維持”につながる．

❑ 解　説

　個人情報保護法の改正により新たに定められた手続であり，それを踏まえて本項が新設された．

　第三者提供の制限を受けない手続として，個人情報の利活用推進を目的として本人同意なしの第三者提供を可能とするために新たに設けられた匿名加工情報取扱事業者等の義務として，匿名加工情報の提供（同法第 2 条 9 項及び 10 項，第 36 条から第 39 条）が改正個人情報保護法において新設されている．

　個人情報保護法の改正に伴い新設された本規格の新設項目の解説の扱いについては，“A.3.4.2.8.1 外国にある第三者への提供の制限”の解説において言及した通りである．

A.3.4 実施及び運用 155

A.3.4.3 適正管理

A.3.4.3.1 正確性の確保

【附属書 A】

A.3.4.3 適正管理		
A.3.4.3.1	正確性の確保*	組織は，利用目的の達成に必要な範囲内において，個人データを，正確，かつ，最新の状態で管理しなければならない． 組織は，個人データを利用する必要がなくなったときは，当該個人データを遅滞なく消去するよう努めなければならない．

【附属書 B】

> **B.3.4.3.1　正確性の確保**
>
> 　正確性の確保とは，例えば，誤入力チェック，誤りなどを発見した場合の訂正，内容の更新，保存期間の設定，データのバックアップなどの手順を確立することである．
>
> 　なお，取得した個人データを一律に又は常に最新化する必要はなく，それぞれの利用目的に応じて，その必要な範囲内で正確性・最新性を確保することが望ましい．
>
> 　個人データの消去に当たり，組織は，法令の定めによる保存期間などに留意することが望ましい．

❏ 解　説

　本項の項目には，消去の努力義務が追加されている．また，旧規格からの用語変更及び規格本文の変更に伴い，"事業者"が"組織"に記述内容の変更がなされている．

　本項は，組織が取り扱う個人情報について，利用目的の達成に必要な範囲内において，その内容の正確性と最新性を確保した状態で管理することを求めるものである．

　不正確な内容の個人データが利用されたり，最新の個人データとは異なる内容の個人情報が利用されたりすると，本人に不利益が生じる可能性があるため，本項では，利用目的の達成に必要な範囲内において，個人データを正確，かつ，最新の状態で管理することを求めている．

▷**1** "利用目的の達成に必要な範囲内において"

組織が取り扱う個人データは，"A.3.4.2.1 利用目的の特定"で特定した利用目的の達成に必要な範囲内で利用されるとともに，その範囲を超えて個人情報を利用する場合は"A.3.4.2.6 利用に関する措置"に基づいて本人の同意を得なければならない．したがって，正確性・最新性の確保は，その利用目的の達成に必要な範囲内において行われることとなり，現在の事実，過去の一定時点の事実，及び現在と過去の事実の双方の場合など，利用目的に応じて，その必要な範囲内で正確性・最新性を確保すればよい．

なお，正確性・最新性を確保する上で，対象となる個人データは，組織が事業の用に供している個人情報であって，電話帳やカーナビゲーションシステム等，他人の作成による公開情報を利用目的の範囲内で利用している場合は除かれる．

▷**2** "正確，かつ，最新の状態"

"正確性・最新性の確保"とは，取り扱う個人データの内容が利用目的の達成に必要な範囲内で過去又は現在の事実と合致することをいう．その範囲は，それぞれの利用目的に応じて，その必要な範囲内で正確性・最新性を確保することになるが，取得した個人データを一律に，又は常に最新化する必要はない．

個人データの内容の正確性・最新性を確保するための具体的措置としては，個人データの入力時の照合・確認の手続の整備，誤り等を発見した場合の訂正等の手続の整備，記録事項の更新，内容に変更があった場合の本人からの申し出の要請への対応，保存期間の設定等を行うことが挙げられる．

必要のなくなった個人データについては，リスクの度合いに応じて消去を踏まえた管理を行うことは当然のことであろう．

A.3.4 実施及び運用

A.3.4.3.2　安全管理措置

【附属書 A】

A.3.4.3.2	安全管理措置*	組織は，その取り扱う個人情報の個人情報保護リスクに応じて，漏えい，滅失又はき損の防止その他の個人情報の安全管理のために必要かつ適切な措置を講じなければならない． 安全管理措置に関する管理目的及び管理策は，**附属書 C** を参照．

【附属書 B】

B.3.4.3.2　安全管理措置

　安全管理措置は，緊急事態が発生した場合に本人が被る権利利益の侵害の大きさを考慮し，事業の性質及び個人情報の取扱状況などに起因する個人情報保護リスクに応じた必要かつ適切な措置を講じることが求められているのであって，全ての個人情報についての一律な措置を講じる必要がない．

　安全管理措置とは，組織的安全管理措置，人的安全管理措置，物理的安全管理措置，及び技術的安全管理措置をいう．

　"組織的安全管理措置" とは，安全管理について従業者（法第 21 条参照）の責任及び権限を明確に定め，安全管理に対する規程及び手順書を整備運用し，その実施状況を確認することをいう．

　"人的安全管理措置" とは，従業者（個人情報取扱事業者の組織内にあって直接間接に事業者の指揮監督を受けて事業者の業務に従事している者をいい，雇用関係にある従業員（正社員，契約社員，嘱託社員，パート社員，アルバイト社員など）だけでなく，取締役，執行役，理事，監査役，監事，派遣社員なども含まれる．）に対する，業務上秘密と指定された個人データの非開示契約の締結，教育・訓練などを行うことをいう．

　"物理的安全管理措置" とは，入退館（室）の管理，個人データの盗難の防止などの措置をいう．

　"技術的安全管理措置" とは，個人データ及びそれを取り扱う情報システムへのアクセス制御，不正ソフトウェア対策，情報システムの監視など，個人データに対する技術的な安全管理措置をいう．

　"必要かつ適切" とは，経済的に実行可能な最良の技術の適用に配慮することをいう．

　"経済的に実行可能な最良の技術" は，組織の事業内容及び規模によって異なっても差し支えない．

　個人情報の漏えい事例には，廃棄時の漏えいが多くみられることから，廃棄に当たっても，電子ファイルの消去，個人情報が打ち出された紙の破砕処理などによって，廃棄された個人情報が他者に流出することのないよう留意することが望ましい．

158   第5章　JIS Q 15001 の管理目的及び管理策の解説

なお，安全管理措置については，個人情報保護リスク軽減の観点から，個人情報を対象としている．

❑ 解　説

本項の管理目的及び管理策には，附属書 C の参照が追記された．また，旧規格からの用語変更及び規格本文の変更に伴い，"事業者" が "組織" に，"リスク" が "個人情報保護リスク" に記述内容の変更がなされている．

本項は，組織が個人情報を取り扱うに当たって，"A.3.3.1 個人情報の特定" で特定し "A.3.3.3 リスクアセスメント及びリスク対策" でリスクなどの認識，分析及び対策を講じた個人情報について，そのリスクに応じて個人情報を安全に管理するための措置を講ずることを定めたものである．

安全管理措置に関する管理目的及び管理策は，附属書 C を参照して実施するとよい．附属書 C は，具体的な安全管理措置を実施する際に必要に応じて参照して使用するものである．組織が，その取り扱う個人情報の個人情報保護リスクに応じて，漏えい，滅失又はき損の防止その他の個人情報の安全管理のために必要かつ適切な措置を講じるに当たっては，必要な管理策のうち，具体的に実施すべき安全管理措置に関係する管理策を確認し，検証するため，附属書 C を利用することになる．

本規格で用いる主な用語及び定義は，個人情報保護に係る法令によるとしているが，本項では，"取り扱う個人情報の個人情報保護リスク" について "個人情報の安全管理" とし，"個人情報" をその対象としている．したがって，旧規格から用語は変更されていない．

個人情報保護法は，個人情報の適正な取扱いと保護に必要な手続を定め，個人情報取扱事業者に義務を課すことを目的としている．一方，個人情報保護マネジメントシステムは，リスクマネジメントプロセスを適用することによって個人情報の保護を維持し，かつ，リスクを適切に管理しているという信頼を利害関係者に与えるものである．

本規格の改正における用語とその定義の変更の意図は，同法との平仄を合わせるとともに，"個人情報保護要求事項を満たす能力" を判断するためのマネ

A.3.4 実施及び運用

ジメントシステム規格としての趣旨を規格構成を附属書Cとしての安全管理策導入によって鮮明にすることにある．規格の趣旨に変更はなく，法令遵守目的を達成するための上乗せ的なガイドインとしての位置付けではない．同時に，個人情報保護マネジメントシステムは，リスクマネジメントプロセスに基づいて構築されるものである点に変更はない．

以上から，"個人データ"の用語とその定義を用いつつ，個人情報保護のための要求事項を定めるマネジメントシステム規格として，リスクマネジメントプロセスに基づく"個人情報"保護のための取組みを行うことを目的とする趣旨は一貫性あるものにしつつ，安全管理に係る取組みは，従来通り"特定した個人情報"についてリスク評価を行った上で，マネジメントシステムの適切な運用によりリスクマネジメントプロセスに基づく取扱いが求められるとの考えに変更はない．

したがって，同法が定める"個人データ"の定義と本規格が安全管理の対象を"個人情報"としていることには上述の理由によるものである．

なお，本規格が定める安全管理措置は，A.3.3.1で特定し，A.3.3.3でリスクなどの認識，分析及び対策を講じた個人情報について，そのリスクに応じて個人情報を安全に管理するための措置を講ずべきことを定めたものである点に留意する必要がある．個人データである電話帳やカーナビゲーションシステム等と検索性がない個人情報である1件ずつの顧客名簿の両者とも全ての個人情報について一律に同レベルの安全管理措置を講ずべきことを求めているのではなく，事業分野や事業の規模等の事業の性質及び個人情報の量や個人情報の保管状況等の個人情報の取扱い状況に起因するリスクに応じて，必要な措置を講ずることを求めている．

"必要かつ適切な措置"とは，経済的に実行可能な最良の技術の適用に配慮した上で実施する措置のことをいう．"経済的に実行可能な最良の技術"は，組織の事業内容や規模によって異なる．

160　　　第 5 章　JIS Q 15001 の管理目的及び管理策の解説

A.3.4.3.3　従業者の監督

【附属書 A】

A.3.4.3.3	従業者の監督*	組織は，その従業者に個人データを取り扱わせるに当たっては，当該個人データの安全管理が図られるよう，当該従業者に対する必要かつ適切な監督を行わなければならない．

【附属書 B】

> **B.3.4.3.3　従業者の監督**
> 　監査役に対する監督を実施する場合には，例えば，株主総会による選任権及び解任権を通じた監督が考えられ，取締役など業務執行者による監督は，内部監査の独立性が害されるため監督したことにならない．
> 　なお，**A.3.4.5** の認識の管理策は，従業者に，個人情報保護マネジメントシステムの運用を確実に実施できる力量を備えさせるための管理策であり，従業者の監督とは意味合いが異なる．
> 　また，組織が従業者に個人情報を取り扱わせる場合，個人データと同様に取り扱わせなければならないことについては，**B.3.3.1** 参照．

❑ 解　説

　本項は，項目の内容に変更はない．ただし，旧規格からの用語変更及び規格本文の変更に伴い，"事業者" が "組織" に，"個人情報" が "個人データ" に記述内容の変更がなされている．

　本項は，個人データの安全管理措置の一環として，組織が従業者に対して必要かつ適切な監督を行わなければならないことを定めたものである．

▷**1　"従業者に個人データを取り扱わせるに当たっては"**

　"従業者" とは，組織の組織内にあって直接間接に組織の指揮監督を受けて組織の業務に従事している者をいい，雇用関係にある従業員（正社員，契約社員，嘱託社員，パート社員，アルバイト社員等）のみならず，取締役，執行役，理事，監査役，監事，派遣社員等も含まれる．なお，監査役に対する監督は，株主総会による選任権及び解任権を通じた監督による必要があり，取締役等業務執行者による監督は監査の独立性が害されるため，適切な監査とはいえ

A.3.4 実施及び運用 161

ない.

▷**2** "当該個人データの安全管理が図られるよう"

　従業者が取り扱う個人データの安全管理を図るためには, 組織が講じている安全管理措置を遵守させるよう, 従業者に対し, 必要かつ適切な監督をする必要がある. その際に, 個人データの漏えい, 滅失又はき損等が生じた場合に, 本人が被る権利利益の侵害の大きさを考慮し, 事業の性質及び個人情報の取扱状況等に起因するリスクに応じ, 必要かつ適切な措置を講じることが重要となる.

▷**3** "必要かつ適切な監督を行わなければならない."

　"A.3.4.3.2 安全管理措置"により定めた安全管理措置を遵守させるよう, 従業者に対し, 必要かつ適切な監督を行わなければならない.

　従業者の監督を実施するに当たっては, 雇用契約時や委託契約時に非開示契約を締結し, 従業者に対する教育訓練を実施することが必要である.

　なお, 本規格では, 従業者の監督を実施するために実施する教育, 安全管理措置等について別々に要求事項を定めているため, 本項における従業者の監督とは, それら個別の要求事項の実効性を担保し, 必要な監督を課し, 必要な対応を組織がとる上で求められる措置を講じることをいう. よって, 教育に関する"A.3.4.5 認識"の要求事項は, 従業者に, 個人情報保護マネジメントシステムの運用を確実に実施できる力量を備えさせるための要求事項であり, 本項の従業者の監督とは意味合いが異なるものである.

162 第 5 章 JIS Q 15001 の管理目的及び管理策の解説

A.3.4.3.4 委託先の監督

【附属書 A】

A.3.4.3.4	委託先の監督*	組織は，個人データの取扱いの全部又は一部を委託する場合，特定した利用目的の範囲内で委託契約を締結しなければならない．
		組織は，個人データの取扱いの全部又は一部を委託する場合は，十分な個人データの保護水準を満たしている者を選定しなければならない．このため，組織は，委託を受ける者を選定する基準を確立しなければならない．委託を受ける者を選定する基準には，少なくとも委託する当該業務に関しては，自社と同等以上の個人情報保護の水準にあることを客観的に確認できることを含めなければならない． 組織は，個人データの取扱いの全部又は一部を委託する場合は，委託する個人データの安全管理が図られるよう，委託を受けた者に対する必要かつ適切な監督を行わなければならない． 組織は，次に示す事項を契約によって規定し，十分な個人データの保護水準を担保しなければならない． a) 委託者及び受託者の責任の明確化 b) 個人データの安全管理に関する事項 c) 再委託に関する事項 d) 個人データの取扱状況に関する委託者への報告の内容及び頻度 e) 契約内容が遵守されていることを委託者が，定期的に，及び適宜に確認できる事項 f) 契約内容が遵守されなかった場合の措置 g) 事件・事故が発生した場合の報告・連絡に関する事項 h) 契約終了後の措置 組織は，当該契約書などの書面を少なくとも個人データの保有期間にわたって保存しなければならない．

【附属書 B】

B.3.4.3.4 委託先の監督

委託を行う場合においては，委託者は，消費者など，本人の権利利益保護の観点から，事業内容の特性，規模及び実態に応じ，委託の有無，委託する事務の内容を明らかにするなど，委託処理の透明化を進めることが望ましい．**A.3.4.3.4** における委託先には，個人も含まれる．

"必要かつ適切な監督"には，組織が，**A.3.4.3.2** に基づき安全管理措置を講じること

A.3.4　実施及び運用　　　　　　　　　　　　　　163

が含まれる．例えば，委託者が委託する業務内容に対して必要のない個人データを提供
しないよう安全管理措置を講じることは **A.3.4.3.2** に適合する．一方，委託者が必要の
ない個人データを委託先に提供した結果，委託先が個人データを漏えいした場合には，
委託者についても，**A.3.4.3.2** に適合しない．

　また，個人データの取扱いの全部又は一部を委託する場合に限らず，委託先への個人
情報の提供又は委託先との間での個人情報の授受が発生する場合の対応については，
B.3.3.1 参照．

　委託先が倉庫業，データセンター（ハウジング，ホスティング）などの事業者であっ
て，当該事業者に取り扱わせる情報に個人データが含まれるかを知らせることなく預け
る場合であっても，委託者は委託するものが個人データであることを知っているわけで
あるから，**A.3.4.3.4** における監督の対象に含まれる．ただし，"個人データ"に関する
条項を契約書に盛り込まなくてもよい．

　A.3.4.3.4 の **a)**～**g)** の事項は，いかなる場合にも契約によって規定することを要求す
るものではなく，取り扱う個人データのリスクに応じて規定する内容が変わっても差し
支えない．

　A.3.4.3.4 b) 個人データの安全管理に関する事項には，次の事項が含まれる．
―個人データの漏えい防止及び盗用禁止に関する事項
―委託範囲外の加工及び利用の禁止
―委託契約範囲外の複写及び複製の禁止
―委託契約期間
―委託契約終了後の個人情報の返還・消去・廃棄に関する事項

　A.3.4.3.4 c) 再委託に関する事項には，次の事項が含まれる．
―再委託を行うに当たっての委託者への文書による報告

　個人データの取扱いを再委託する場合，委託元との契約に，再委託を行うに当たって
の委託元への文書による事前報告又は承認について盛り込むことが望ましい．

　委託元が委託先について"必要かつ適切な監督"を行っていない場合で，委託先が再
委託をした際に，再委託先が適切といえない取扱いを行ったことによって，何らかの問
題が生じたときは，元の委託元がその責めを負うことがあり得るので，再委託する場合
は注意をすることが望ましい．

　このため，委託先が再委託を行おうとする場合は，委託を行う場合と同様，委託元
は，再委託先に対し，**A.3.4.3.2** に基づき少なくとも委託する当該業務に関しては，自
社と同等以上の個人情報保護の水準にあることを客観的に確認することが望ましい．確
認の例としては，委託先が再委託する相手方，再委託する業務内容，再委託先の個人デ
ータの取扱方法などについて，委託先から事前報告又は承認を求めること，委託先を通
じて又は必要に応じて自らが，定期的に，及び適宜に監査を実施することなどがある．
再委託先が再々委託を行う場合以降も，再委託を行う場合と同様とすることが望まし
い．

164 第5章 JIS Q 15001 の管理目的及び管理策の解説

【必要かつ適切な監督を行っていない場合】
　事例1）再委託の条件に関する指示を委託先に行わず，かつ，委託先の個人データの取扱状況の確認を怠り，委託先が個人データの処理を再委託し，再委託先が個人データを漏えいした場合．
　事例2）契約の中に，委託元は委託先による再委託の実施状況を把握することが盛り込まれているにもかかわらず，委託先に対して再委託に関する報告を求めるなどの必要な措置を講じなかった結果，委託元の認知しない再委託が行われ，その再委託先が個人データを漏えいした場合．
　なお，人材派遣事業者との人材派遣契約，清掃事業者との契約，オフィスの賃貸借契約などは，個人データの取扱いを含まない限り，**A.3.4.3.4** の対象外として差し支えない．これらは広く **A.3.4.3.2** に含まれるものであり，このような事業者とは，守秘義務に関する事項を盛り込んだ契約を締結することが望ましい．

❏ 解　説

　本項は，旧規格からの用語変更及び規格本文の変更に伴い，"事業者" が "組織" に，"個人情報" が "個人データ" に記述内容の変更がなされている．また，委託に当たっての確認事項が追記されるとともに，契約事項に "h）契約終了後の措置" が追加されている．

　本項は，組織が個人データの取扱いを委託する場合に，個人データの適切かつ安全な管理を確保するために委託先を選定し，取扱いを委託する個人データの安全管理が図られるよう委託先に対して必要かつ適切な監督を行うことを定めたものである．

▷**1** "個人データの取扱いの全部又は一部を委託"

　"個人データの取扱いの委託" とは，委託元が委託先に対して依頼する個人データの全部又は一部の取扱いの委託に係る一切の契約のことをいう．個人データの取扱いの全部又は一部を委託する場合，特定した利用目的の範囲内で委託先との間で委託契約を締結することが必要である．

▷**2** "十分な個人データの保護水準を満たしている者を選定し（中略）委託を
　　受ける者を選定する基準を確立しなければならない．"

A.3.4　実施及び運用　　　　　165

　組織が個人データの取扱いを委託するに当たっては，委託先における個人デー
タの取扱いが委託元の監督責任の下で行われることが必要であることから，
委託先において個人データが適切かつ安全に取り扱われていることを確認する
ことが必要となる．そのため，個人データを適切に取り扱う者を委託先として
選定しなければならないことを定めるものである．

　委託先を選定する基準は，少なくとも委託する当該業務に関しては，委託元
の組織と同等以上の個人情報保護の水準にあることを客観的に確認できるもの
でなければならない．個人に委託する場合であっても，委託先選定基準による
選定が必要である．

　なお，本規格に基づいてマネジメントシステムを構築するに当たって，その
運用を開始する時点で既に委託している委託先についても，当該基準に基づい
て評価し，不備があれば是正処置を求めることが必要であると考えられる．継
続的な委託先については，時期及び環境の変化等に応じ，再評価することが望
ましいと考えられる．

　その他，優越的地位にある者が委託者の場合，受託者に不当な負担を課すこ
とがないように配慮することが必要である．

　委託先が倉庫業，データセンター（ハウジング，ホスティング）等の組織で
あって，当該組織に取り扱わせる情報に個人情報（個人データではない場合も
含む．）が含まれるかを認識させることなく預ける場合であっても，委託者は
委託するものが個人情報であることを認識しているわけであるから，委託先選
定基準による選定が必要である．ただし，"個人情報"に関する条項を契約書
に盛り込むことを要求するものではない．

　委託先の選定に当たっては，委託先の組織がプライバシーマーク付与認定事
業者や情報セキュリティマネジメントシステム認証取得事業者であることも重
要な選定基準となり得るであろう．

▷**3**　"委託する個人データの安全管理が図られるよう"

　組織が個人データの取扱いの全部又は一部を委託する場合，安全管理措置を

166　　　　第 5 章　JIS Q 15001 の管理目的及び管理策の解説

遵守させるよう，受託者に対し"必要かつ適切な監督"をしなければならない
ことを定めるものである．その際，本人の個人データが漏えい，滅失又はき損
等をした場合に本人が被る権利利益の侵害の大きさを考慮し，事業の性質及び
個人データの取扱状況等に起因するリスクに応じ，必要かつ適切な措置を講ず
ることが必要であると考えられる．

▷4　"委託を受けた者に対する必要かつ適切な監督を行わなければならない．"
　"必要かつ適切な監督"とは，委託契約において，当該個人データの取扱い
に関して必要かつ適切な安全管理措置として，委託者と受託者双方が同意した
内容を契約に盛り込むとともに，同内容が適切に遂行されていることを，あら
かじめ定めた間隔で確認することなどをいう．
　また，委託者が受託者について"必要かつ適切な監督"を行っていない場合
で，受託者が再委託をした際に，再委託先が適切といえない取扱いを行ったこ
とにより，何らかの問題が生じた場合は，元の委託者がその責めを負うことが
あり得るので，再委託する場合は注意を要する．

A.3.4.4　個人情報に関する本人の権利

A.3.4.4.1　個人情報に関する権利

【附属書 A】

A.3.4.4　個人情報に関する本人の権利		
A.3.4.4.1	個人情報に関する権利*	組織は，保有個人データに関して，本人から開示等の請求等を受け付けた場合は，A.3.4.4.4 ～ A.3.4.4.7 の規定によって，遅滞なくこれに応じなければならない．ただし，次に掲げるいずれかに該当する場合は，保有個人データには当たらない． a) 当該個人データの存否が明らかになることによって，本人又は第三者の生命，身体又は財産に危害が及ぶおそれのあるもの b) 当該個人データの存否が明らかになることによって，違法又は不当な行為を助長する，又は誘発するおそれのあるもの

A.3.4 実施及び運用 167

		c)	当該個人データの存否が明らかになることによって，国の安全が害されるおそれ，他国若しくは国際機関との信頼関係が損なわれるおそれ又は他国若しくは国際機関との交渉上不利益を被るおそれのあるもの
		d)	当該個人データの存否が明らかになることによって，犯罪の予防，鎮圧又は捜査その他の公共の安全及び秩序維持に支障が及ぶおそれのあるもの
			組織は，保有個人データに該当しないが，本人から求められる利用目的の通知，開示，内容の訂正，追加又は削除，利用の停止，消去及び第三者への提供の停止の請求などの全てに応じることができる権限を有する個人情報についても，保有個人データと同様に取り扱わなければならない．

【附属書 B】

B.3.4.4.1 個人情報に関する権利

A.3.4.4.1 a) の場合とは，例えば，家庭内暴力又は児童虐待の被害者の支援団体が，加害者（配偶者又は親権者）及び被害者（配偶者又は子）を本人とする個人データをもっている場合などをいう．

A.3.4.4.1 b) の場合とは，例えば，いわゆる総会屋などによる不当要求被害を防止するため組織が総会屋などを本人とする個人データをもっている場合，不審者，悪質なクレーマーなどからの不当要求被害を防止するため当該行為を繰り返す者を本人とする個人データを保有している場合などをいう．

A.3.4.4.1 c) の場合とは，例えば，製造業者，情報サービス事業者などが，防衛に関する兵器・設備・機器・ソフトウェアなどの設計・開発担当者名が記録された個人データを保有している場合，要人の訪問先又はその警備会社が，当該要人を本人とする行動予定，記録などを保有している場合などをいう．

A.3.4.4.1 d) の場合とは，例えば，警察からの捜査関係事項照会又は捜査差押令状の対象となった組織がその対応の過程で捜査対象者又は被疑者を本人とする個人データを保有している場合などをいう．

"保有個人データに該当しないが，本人から求められる利用目的の通知，開示，内容の訂正，追加又は削除，利用の停止，消去及び第三者への提供の停止の請求などの全てに応じることができる権限を有する個人情報"とは，組織が取得してから政令で定める期間以内に消去する個人データなどをいう．消費者など，本人の権利利益保護の観点から，組織は，保有個人データ，個人データに限らず，取得した全ての個人情報について，保有個人データと同等に取り扱うことが望ましい．

168　　　第5章　JIS Q 15001 の管理目的及び管理策の解説

❑ 解　説

　本項は，項目の内容に変更はない．ただし，旧規格からの用語変更及び規格本文の変更に伴う記述内容の変更がなされている．

　旧規格では，個人情報保護法が定める保有個人データのうち，6か月以内に消去することとなる個人情報を含めて開示対象個人情報としていた．

　本規格では"保有個人データ"に用語が変更になっているが，開示，内容の訂正，追加又は削除，利用の停止，消去及び第三者への提供の停止を行うことのできる権限を有する"個人情報"であって"6か月以内に消去されることとなる個人データはもとより，取得した全ての個人情報について，保有個人データと同等に取り扱うことが望ましい．．

　なお，改正前の個人情報保護法において"求め"とされていた規定について，旧規格から"権利"としていた点は，本規格でも維持され，法改正によって裁判上の権利であることが明確化された．

▷**1**　"開示等"

　"開示等"とは，利用目的の通知，開示，内容の訂正，追加又は削除，利用の停止，消去及び第三者への提供の停止のことをいう．開示等を請求された場合は，"A.3.4.4.4 保有個人データの利用目的の通知"〜"A.3.4.4.7 保有個人データの利用又は提供の拒否権"の規定によって，遅滞なくこれに応じなければならないとしている．

▷**2**　"ただし，次に掲げるいずれかに該当する場合は，保有個人データには当たらない．"

　組織は，本人から開示等を請求された場合は，遅滞なくこれに応じる必要が生じるが，一定の場合にこれに応じることができないことがあり得る．そこで本規格では，開示等の請求の対象にはならない保有個人データについて定めている．

A.3.4 実施及び運用   169

▶ "a) 当該個人データの存否が明らかになることによって，本人又は第
三者の生命，身体又は財産に危害が及ぶおそれのあるもの"

この場合に該当するものとしては，家庭内暴力又は児童虐待の被害者の支援
団体が加害者（配偶者又は親権者）及び被害者（配偶者又は子）を本人とする
個人情報をもっている場合などが挙げられる．

▶ "b) 当該個人データの存否が明らかになることによって，違法又は不
当な行為を助長する，又は誘発するおそれのあるもの"

この場合に該当するものとしては，いわゆる総会屋等による不当要求被害を
防止するため，組織が総会屋等を本人とする個人情報を保有している場合や，
いわゆる不審者，悪質なクレーマー等からの不当要求被害を防止するため，当
該行為を繰り返す者を本人とする個人情報を保有している場合などが挙げられ
る．

▶ "c) 当該個人データの存否が明らかになることによって，国の安全が害
されるおそれ，他国若しくは国際機関との信頼関係が損なわれるおそれ
又は他国若しくは国際機関との交渉上不利益を被るおそれのあるもの"

この場合に該当するものとしては，防衛に関連する設備・機器・ソフトウェ
ア等の設計・開発担当者名が記録された個人情報を製造業者，情報サービス事
業者等が保有している場合や，当該要人を本人とする行動予定や記録等を要人
の訪問先やその警備会社が保有している場合などが挙げられる．

▶ "d) 当該個人データの存否が明らかになることによって，犯罪の予防，
鎮圧又は捜査その他の公共の安全及び秩序維持に支障が及ぶおそれのあ
るもの"

この場合に該当するものとしては，警察からの捜査関係事項照会や捜索差押
令状の対象となった組織がその対応の過程で捜査対象者又は被疑者を本人とす
る個人情報を保有している場合などが挙げられる．

170   第 5 章　JIS Q 15001 の管理目的及び管理策の解説

A.3.4.4.2　開示等の請求等に応じる手続

【附属書 A】

A.3.4.4.2	開示等の請求等に応じる手続[*]	組織は，開示等の請求等に応じる手続として次の事項を定めなければならない． a)　開示等の請求等の申出先 b)　開示等の請求等に際して提出すべき書面の様式その他の開示等の請求等の方式 c)　開示等の請求等をする者が，本人又は代理人であることの確認の方法 d)　A.3.4.4.4 又は A.3.4.4.5 による場合の手数料（定めた場合に限る.）の徴収方法 　組織は，本人からの開示等の請求等に応じる手続を定めるに当たっては，本人に過重な負担を課するものとならないよう配慮しなければならない． 　組織は，A.3.4.4.4 又は A.3.4.4.5 によって本人からの請求などに応じる場合に，手数料を徴収するときは，実費を勘案して合理的であると認められる範囲内において，その額を定めなければならない．

【附属書 B】

B.3.4.4.2　開示等の請求等に応じる手続

　A.3.4.4.2 b)は，本人が容易かつ的確に開示等の請求等をすることができるよう，組織が当該保有個人データの特定に資する情報の提供その他本人の利便を考慮した適切な措置を講じることを求めている．

　A.3.4.4.2 c)については，開示等の請求等をすることができる代理人は，次の代理人である．
—未成年者又は成年被後見人の法定代理人
—開示等の請求等をすることにつき本人が委任した代理人
　組織が，開示等の請求等を受け付ける方法を合理的な範囲で定めてある場合に，請求等を行った者がそれに従わなかったときは，開示等を拒否することができる．ただし，本人確認に当たっては，例えば，通常業務において ID 及びパスワードで本人確認をしているにもかかわらず，開示等の請求等に応じる手続については，一律，運転免許証又はパスポートの呈示を求めるなど，本人に必要以上の個人情報の提供を求めないことが望ましい．

A.3.4 実施及び運用　　　　　171

□ **解　説**

　本項は旧規格の 3.4.4.2（開示等の求めに応じる手続）における "求め" が "請求" に，"事業者" が "組織" に変更されている点以外は，項目の内容に変更はない．

　本項は，組織が本人からの利用目的の通知，開示，内容の訂正，追加又は削除，利用の停止，消去及び第三者への提供の停止の求めに応じるに当たって，必要な手続等について定めるものである．

▷**1** "組織は，開示等の請求等に応じる手続として次の事項を定めなければならない．"

　組織が本人から開示等の請求を受け付けるに当たっては，開示等に応じる手続が適切かつ円滑に処理されることが必要である．そこで，本項において開示等の請求に応じる手続を明確にするとともに，"A.3.4.4.3 保有個人データに関する事項の周知など" において，その請求等を受け付ける方法を本人の知り得る状態（本人の請求に応じて遅滞なく回答する場合を含む．）に置くことで開示等の仕組みを活用する上で必要な手続を定めている．

　組織は，本人に対し，その保有個人データを特定するに足りる事項の提示を求めることができる．この場合において，組織は，本人が容易かつ的確に開示等を請求することができるよう，当該保有個人データの特定に資する情報の提供その他本人の利便を考慮した適切な措置をとる必要がある．

　組織が本項に基づいて開示等の請求等を受け付ける方法を合理的な範囲で定めたときで，請求等を行った者がそれに従わなかった場合は，開示等を拒否することができる．ただし，本人確認に当たっては，例えば，通常業務においてID及びパスワードで本人確認をしているにもかかわらず，さらに，開示等の請求に応じる手続に対して，あらためて運転免許証やパスポートの提示を求めるなど，本人に必要以上の個人情報の提供を求めないほうがよい．

　なお，開示等の請求等をすることができる代理人は次の代理人である．

　　・未成年者又は成年被後見人の法定代理人

172　　第 5 章　JIS Q 15001 の管理目的及び管理策の解説

　　・開示等の請求をすることにつき本人が委任した代理人

▷**2**　"本人からの開示等の請求等に応じる手続を定めるに当たっては，本人に
　　　過重な負担を課するものとならないよう配慮しなければならない."

　開示等の請求等に応じる手続を定めるに当たっては，必要以上に煩雑な書類
を求めることや，請求等を受け付ける窓口を他の業務を行う拠点とは別にいた
ずらに不便な場所に限定することなどして，本人に過重な負担を課することの
ないよう配慮する必要がある.

▷**3**　"A.3.4.4.4 又は A.3.4.4.5 によって本人からの請求などに応じる場合に，
　　　手数料を徴収するときは，実費を勘案して合理的であると認められる範囲
　　　内において，その額を定めなければならない."

　手数料は，保有個人データの利用目的の通知及び保有個人データの開示に応
じる場合に限って徴収することができる. 手数料を徴収する場合には，それに
応じる上で要する通信費など，実費を勘案して合理的であると認められる範囲
内でその額を定める必要がある.

A.3.4.4.3　保有個人データに関する事項の周知など

【附属書 A】

| A.3.4.4.3 | 保有個人データに関する事項の周知など* | 　組織は，当該保有個人データに関し，次の事項を本人の知り得る状態（本人の請求などに応じて遅滞なく回答する場合を含む.）に置かなければならない.
a)　組織の氏名又は名称
b)　個人情報保護管理者（若しくはその代理人）の氏名又は職名，所属及び連絡先
c)　全ての保有個人データの利用目的 [**A.3.4.2.4** の a)〜c) までに該当する場合を除く.]
d)　保有個人データの取扱いに関する苦情の申出先
e)　当該組織が認定個人情報保護団体の対象事業者である場合にあっては，当該認定個人情報保護団体の名称及び苦情の解決の申出先
f)　**A.3.4.4.2** によって定めた手続 |

【附属書 B】

B.3.4.4.3　保有個人データに関する事項の周知など

　“本人が知り得る状態（本人の請求などに応じて遅滞なく回答する場合を含む．）”とは，ウェブ画面への掲載，パンフレットの配布，本人の請求などに応じて遅滞なく回答を行うことなど，本人が知ろうと思えば知ることができる状態に置くことをいい，組織が，常にその時点で正確な内容を本人が知り得る状態に置くことをいう．必ずしもウェブ画面への掲載，又は事務所などの窓口などへ掲示することなどが継続的に行われることを指すものではないが，事業の性質及び個人情報の取扱状況に応じ，内容が本人に理解される合理的かつ適切な方法によることが望ましい．

　なお，組織は，家族から開示等を求められることもあり得るため，そのような場合も含め，開示等の請求等に対する対応方法の詳細を定めた上で，知り得る状態に置いておくことが望ましい．

□ 解　説

　本項は旧規格の 3.4.4.3（開示対象個人情報に関する事項の周知など）における “開示対象個人情報” が “保有個人データ” に，“求め” が “請求” に，“事業者” が “組織” に変更されている点以外は，項目の内容に変更はない．

　本項は，個人情報の取扱いの透明性を確保するため，組織が保有する保有個人データについて，その存在や概要を明らかにすることによって，本人が組織に対して開示等の請求を行うに当たって，必要な情報として公表すべき事項を定めたものである．

　組織は，保有個人データに関する事項を本人が知り得る状態に置くことにより，開示等の対象となる個人情報を明確にしなければならない．

　“本人の知り得る状態（本人の請求に応じて遅滞なく回答する場合を含む．）”とは，ウェブ画面への掲載，パンフレットの配布，本人の請求に応じて遅滞なく回答を行うこと等，本人が知ろうと思えば知ることができる状態に置くことをいい，常にその時点で正確な内容を本人が知り得る状態に置く必要がある．

　必ずしもウェブ画面への掲載，又は事務所等の窓口等へ掲示することなどが継続的に行われることまでを必要とするものではないが，事業の性質及び個人情報の取扱い状況に応じ，内容が本人に認識される合理的かつ適切な方法による必要がある．

174 第 5 章 JIS Q 15001 の管理目的及び管理策の解説

なお，組織は，家族から開示等を請求されることもあり得るため，そのような場合も含め，開示等の請求に対する対応方法の詳細についても，知り得る状態に置いておくとよい．

A.3.4.4.4　保有個人データの利用目的の通知

【附属書 A】

A.3.4.4.4	保有個人データの利用目的の通知	組織は，本人から，当該本人が識別される保有個人データについて，利用目的の通知を求められた場合には，遅滞なくこれに応じなければならない．ただし，**A.3.4.2.4** のただし書き **a)** ～ **c)** のいずれかに該当する場合，又は **A.3.4.4.3 の c)** によって当該本人が識別される保有個人データの利用目的が明らかな場合は利用目的の通知を必要としないが，そのときは，本人に遅滞なくその旨を通知するとともに，理由を説明しなければならない．

【附属書 B】

（該当する補足説明はなし）

❑ 解　説

本項は，旧規格の 3.4.4.4（開示対象個人情報の利用目的の通知）における"開示対象個人情報"が"保有個人データ"に，"事業者"が"組織"に変更されている点以外は，項目の内容に変更はない．

▷1 "本人から，当該本人が識別される保有個人データについて，利用目的の通知を求められた場合には，遅滞なくこれに応じなければならない．"

本規格は，組織が取り扱う保有個人データに関し，本人が開示等の求めを行う上で組織における個人情報の取扱状況を認識することができるように，"A.3.4.4.3 保有個人データに関する事項の周知など"において必要な事項を周知することを定めている．A.3.4.4.3 の c)では，保有個人データの利用目的を本人の知り得る状態にすることを定めているが，その利用目的だけでは組織が取り扱う個人情報の利用目的を本人が十分に把握できない場合には，本人は利用目的の通知を求めることができる．

A.3.4　実施及び運用　　175

▷**2** "ただし，A.3.4.2.4 のただし書き a)〜c)のいずれかに該当する場合，又
はA.3.4.4.3 の c)によって当該本人が識別される保有個人データの利用目
的が明らかな場合は利用目的の通知を必要としないが，そのときは，本人
に遅滞なくその旨を通知するとともに，理由を説明しなければならない."

なお，"利用目的が明らかな場合"とは，"A.3.4.2.4 個人情報を取得した場
合の措置"の"d) 取得の状況からみて利用目的が明らかであると認められる
場合"と同様である.

A.3.4.4.5　保有個人データの開示
【附属書A】

A.3.4.4.5	保有個人データの開示[*]	組織は，本人から，当該本人が識別される保有個人データの開示（当該本人が識別される保有個人データが存在しないときにその旨を知らせることを含む.）の請求を受けたときは，法令の規定によって特別の手続が定められている場合を除き，本人に対し，遅滞なく，当該保有個人データを書面（開示の請求を行った者が同意した方法があるときは，当該方法）によって開示しなければならない. ただし，開示することによって次の a)〜c)のいずれかに該当する場合は，その全部又は一部を開示する必要はないが，そのときは，本人に遅滞なくその旨を通知するとともに，理由を説明しなければならない. a) 本人又は第三者の生命，身体，財産その他の権利利益を害するおそれがある場合 b) 当該組織の業務の適正な実施に著しい支障を及ぼすおそれがある場合 c) 法令に違反する場合

【附属書B】

B.3.4.4.5　保有個人データの開示

　A.3.4.4.5 b)の"当該組織の業務の適正な実施に著しい支障を及ぼすおそれがある場合"とは，試験実施機関において，採点情報の全てを開示することによって，試験制度の維持に著しい支障を及ぼすおそれがある場合，同一の本人から複雑な対応を要する同一内容について繰り返し開示の請求があり，事実上問合せ窓口が占有されることによって他の問合せ対応業務が立ち行かなくなるなど，業務上著しい支障を及ぼすおそれがある場合などをいう.

176　　　第5章　JIS Q 15001 の管理目的及び管理策の解説

なお，消費者など，本人の権利利益保護の観点から，事業活動の特性，規模及び実態を考慮して，個人情報の取得元又は取得方法（取得源の種類など）を可能な限り具体的に明記し，問合せなどがあった場合には本人からの請求などに一層対応していくことが望ましい．

□ 解　説

本項は，旧規格の 3.4.4.5（開示対象個人情報の開示）における"開示対象個人情報"が"保有個人データ"に，"事業者"が"組織"に，"求め"が"請求"に変更されている点以外は，項目の内容に変更はない．

本項は，本人が組織に対して，本人が識別される保有個人データの開示を請求することができることを定め，その請求に応じて組織が遅滞なく，開示に応じなければならないことを定めるとともに，その全部又は一部を開示する必要がない一定の事由について定めている．

▷1 "当該本人が識別される保有個人データの開示（当該本人が識別される保有個人データが存在しないときにその旨を知らせることを含む．)"

"当該本人が識別される保有個人データの開示"とは，開示を求める本人の個人情報を開示することをいう．開示の対象となる保有個人データは，自己を本人とする情報である．したがって，本人以外の者が識別される保有個人データは，本項に基づいて開示の請求がなされてもその対象には含まれない．

開示の対象となる情報は，保有個人データの内容だけでなく，その存否に関する事実も含まれる．したがって，個人情報を保有していても，本規格において開示の対象となる保有個人データに該当しない場合には，当該情報が存在しないという事実を開示することとなる．

取得先や取得方法といった情報については，個人情報保護法は，"保有個人データの取得先等の情報を別途作成して開示しなければならない場合には開示義務はなく，反面，保有個人データの一部を構成する場合には開示義務を負う"としているが，本規格は本人の同意した範囲内で個人情報を利用するに当たって，取得先や取得方法についても通知事項として要求していることから，

A.3.4 実施及び運用 　　　　　　　　　　　　　　　177

それらの情報も開示する必要がある.

　なお, 委託を受けて取り扱っている個人情報は, 開示等の請求の全てに応じることができる権限を有する個人情報ではないため, 保有個人データには当たらないので開示に応じる必要はない. しかし, 本人から開示の請求があったときは, その旨を説明するとともに, 当該個人情報の開示権限を有する委託元を明らかにするなどの対応を行うことが望ましいといえる.

▷**2** "法令の規定によって特別の手続が定められている場合を除き"

　保有個人データの開示については, 個人情報保護法以外の法令においても本項と同様の開示の手続が定められている場合には, 当該手続を定める他の法令の規定との調整が必要である. 本規格では, 他の法令の規定に開示に係る特別の手続が定められている場合には, 当該法令の定める手続が優先して適用されることを定めている.

　"法令の規定" とは, 法律, 政令, 府省令, その他行政機関の命令をいう. なお, 府省令又はその他行政機関の命令については, 委任命令か実施命令（執行命令）であるかは問わない.

　"特別の手続" とは, 本項の定める開示と同様の手続が定められており, 当該手続によって本項と同様の目的を達成することができる手続をいう. なお, 個人情報保護法及び本項では, 閲覧や交付など開示の方法について特に定めがないが, 法令において開示の方法が定められている場合には, その方法に基づいて開示が行われることになる.

▷**3** "書面"

　"書面" とは, 文書のみならず, 電子的方式, 磁気的方式その他人の知覚によっては認識することができない方式で作られる記録も含まれる. 書面の交付による開示への方法は本人の同意がなくても, 組織はその方法を用いて開示を行うことができる.

178 第5章 JIS Q 15001 の管理目的及び管理策の解説

▷**4** "開示の請求を行った者が同意した方法"

"開示の請求を行った者が同意した方法"とは，書面以外の方法であっても本人が同意した方法によって開示を行うことをいう．例えば，書面ではなく，本人が口頭で通知してもらうことを希望している場合には，電話で口頭による開示を行うことになる．

開示の請求があった者からの同意のとり方として，組織が開示方法を提示して，その者が希望する複数の方法の中から当該組織が選択することも考えられる．

また，開示の請求を行った者から開示の方法について特に指定がなく，組織が提示した方法に対して異議を述べなかった場合（電話での開示の請求があり，必要な本人確認等の後，そのまま電話で問合せに回答する場合を含む．）は，当該方法について同意があったものとみなすことができる．

▷**5** "ただし，開示することによって次の a)～c)のいずれかに該当する場合は，その全部又は一部を開示する必要はないが，そのときは，本人に遅滞なくその旨を通知するとともに，理由を説明しなければならない．"

本人から保有個人データの開示を請求されたときは，組織は原則開示に応じることになる．しかし，一定の事由に該当する場合に組織が開示に応じることができない場合もあるため，本項では，組織が開示に応じる必要がない場合について定めている．

開示に応じることができない場合としては，第三者や組織の権利利益の保護や法令の定める手続との調整が必要な場合がある．その際，保有個人データの全部が該当する場合と一部のみが該当する場合がある．一部が該当する場合には，それ以外の部分の開示を行うことが必要となる．

▶ "a) 本人又は第三者の生命，身体，財産その他の権利利益を害するおそれがある場合"

"本人"とは，保有個人データによって識別される当該本人のことであって，開示の請求は本人に開示する個人情報が対象となる．

A.3.4 実施及び運用　　　179

　"第三者"とは，本人や保有個人データの開示の請求の対象となる組織以外の者のことをいう．ここにいう"第三者"とは，自然人のみならず法人も含まれる．

　例えば，医療機関等において，病名等を開示することにより，本人の心身状況を悪化させるおそれがある場合には，その開示によって本人に精神的・身体的苦痛を与える可能性があると判断し，開示に応じる必要ない．

　また，保有個人データの一部を開示しない例として，当該本人に関する情報に第三者の情報が含まれ，開示に応じることで第三者の権利利益が損なわれるおそれがある場合には，それに該当する部分を開示しないこととなる．

　▶　"b）当該組織の業務の適正な実施に著しい支障を及ぼすおそれがある
　　　場合"

　"当該組織の業務の適正な実施に著しい支障を及ぼすおそれがある場合"とは，例えば検査機関等において，検査情報を開示することにより本人と検査機関との信頼関係を損なうことで，同一の本人から複雑な対応を要する同一内容について繰り返し開示の請求があり，事実上問合せ窓口が占有されることによって他の問合せ対応業務が立ち行かなくなる等の場合をいう．

　雇用管理情報の開示の請求に応じる手続については，組織は，あらかじめ労働組合等と必要に応じ，協議した上で，本人から開示を請求された保有個人データについて，その全部又は一部を開示することにより，その業務の適正な実施に著しい支障を及ぼすおそれがある場合に該当するとして，非開示とすることが想定される保有個人データの開示に関する事項を定め，労働者等に周知させるための措置を講じるよう努める必要がある．

　また，人事考課に係る情報をはじめとして，個人に関する特定の評価などの情報については，社会通念や慣行に照らし合わせた上で開示が適当と判断される場合もあると考えられる．

　▶　"c）法令に違反する場合"

　法令の規定により開示を制限する規定が設けられている場合には，本項に基づく保有個人データの開示に応じると，組織が法令に違反して個人情報を開示

180 第 5 章 JIS Q 15001 の管理目的及び管理策の解説

したことになるため，そのような場合には保有個人データの開示に応じる必要
はない．

A.3.4.4.6 保有個人データの訂正，追加又は削除

【附属書 A】

A.3.4.4.6	保有個人データの訂正，追加又は削除	組織は，本人から，当該本人が識別される保有個人データの内容が事実でないという理由によって当該保有個人データの訂正，追加又は削除（以下，この項において"訂正等"という．）の請求を受けた場合は，法令の規定によって特別の手続が定められている場合を除き，利用目的の達成に必要な範囲内において，遅滞なく必要な調査を行い，その結果に基づいて，当該保有個人データの訂正等を行わなければならない．また，組織は，訂正等を行ったときは，その旨及びその内容を，本人に対し，遅滞なく通知し，訂正等を行わない旨の決定をしたときは，その旨及びその理由を，本人に対し，遅滞なく通知しなければならない．

【附属書 B】

(該当する補足説明はなし)

❑ 解　説

　本項は旧規格の 3.4.4.6（開示対象個人情報の訂正，追加又は削除）における"開示対象個人情報"が"保有個人データ"に変更されている点以外に項目の内容に変更はない．

　本項は，本人が組織に対して，本人が識別される保有個人データの内容が事実でないという理由によって，その内容の訂正，追加又は削除を請求することができることを定め，利用目的の達成に必要な範囲内において，原則としてその内容の訂正等を行わなければならないことを定めるものである．

　"訂正等"とは，訂正，追加，削除をいうが，"訂正"とは，事実でない情報の誤りを正しく直すこと，"追加"とは，不足している情報を補うために，後から情報を付け加えること，"削除"とは，不要な情報を除くことをいう．

　なお，"削除"と後述の"消去"とは一般に区別なく用いられることが多い

A.3.4 実施及び運用　　　　181

が，"消去"とは，保有個人データを消してその効力を失わせることであり，その情報を使えなくすることを意味するため，個人情報の内容が事実でない部分を削除して利用を続ける"削除"とは異なる．

▷**1** "当該本人が識別される保有個人データの内容が事実でないという理由によって当該保有個人データの訂正，追加又は削除（以下，この項において"訂正等"という．）の請求を受けた場合"

　本人から保有個人データに誤りがあり，事実でないという理由によって訂正等の請求を受けた場合には，原則として訂正等を行うことになる．しかし，利用目的からみて訂正等が必要ではない場合や誤りである旨の指摘が正しくない場合には，訂正等を行う必要はない．

　また，訂正等を行うのは"内容が事実でない"場合に限られ，評価，判断，意見などの内容そのものについての訂正等には及ばない．したがって，組織が行った評価，判断，意見などが，本人が考えるものと見解が異なる場合に，その内容について訂正等を行うことまで求めるものではない．

　訂正等の対象になるのは保有個人データであることから，電話帳やカーナビゲーションシステム等の訂正等の権限を有さない個人情報には及ばない．

▷**2** "法令の規定によって特別の手続が定められている場合を除き"

　個人情報保護法以外の法令において，本項と同様の保有個人データの訂正等の手続が定められている場合には，当該手続を定める他の法令の規定との調整が必要である．

　本規格では，法令の規定に訂正等に係る特別の手続が定められている場合には，当該法令の定める手続が優先して適用されることを定めている．

　"法令の規定"とは，法律，政令，府省令，その他行政機関の命令をいう．なお，府省令又はその他行政機関の命令については，委任命令か実施命令（執行命令）であるかは問わない．

　"特別の手続"とは，本項の定める訂正等と同様の手続が定められており，

182   第 5 章   JIS Q 15001 の管理目的及び管理策の解説

当該手続によって本項と同様の目的を達成することができる手続をいう.

▷**3** "利用目的の達成に必要な範囲内において, 遅滞なく必要な調査を行い,
　　その結果に基づいて, 当該保有個人データの訂正等を行わなければならな
　　い."

　訂正に応じるか否かを判断するに当たっては, 利用目的の範囲内で調査を行
った上で判断することになる. 調査を行った結果, その内容, つまり訂正等の
請求の通り, 当該保有個人データの内容が正しくない場合には, 訂正等を行う
ことになる. 一方, それが事実であることが判明した場合には, 訂正等を行う
必要はない.

▷**4** "訂正等を行ったときは, その旨及びその内容を, 本人に対し, 遅滞なく
　　通知し, 訂正等を行わない旨の決定をしたときは, その旨及びその理由
　　を, 本人に対し, 遅滞なく通知しなければならない."

　訂正等の手続については, 訂正等を行ったときだけでなく, 訂正等を行わな
い旨の決定をしたときも, 本人にその旨及びその理由を遅滞なく通知する必要
がある.

A.3.4.4.7　保有個人データの利用又は提供の拒否権

【附属書 A】

A.3.4.4.7	保有個人データの利用又は提供の拒否権*	組織が, 本人から当該本人が識別される保有個人データの利用の停止, 消去又は第三者への提供の停止(以下, この項において"利用停止等"という.)の請求を受けた場合は, これに応じなければならない. また, 措置を講じた後は, 遅滞なくその旨を本人に通知しなければならない. ただし, **A.3.4.4.5** のただし書き **a) ～ c)** のいずれかに該当する場合は, 利用停止等を行う必要はないが, そのときは, 本人に遅滞なくその旨を通知するとともに, 理由を説明しなければならない.

A.3.4　実施及び運用　　　　　183

【附属書 B】

> **B.3.4.4.7　保有個人データの利用又は提供の拒否権**
>
> 　本人の同意を得た範囲内で組織が取り扱う場合でも，本人が求めた場合は，組織はそれに応じることが望ましい．
>
> 　なお，当該保有個人データの第三者への提供の停止に著しく多額の費用を要する場合，その他の第三者への提供を停止することが困難な場合であって，本人の権利利益を保護するため必要なこれに代わるべき措置を講じるときは，法令等によってこの限りでないとされている．
>
> 　また，消費者など，本人の権利利益保護の観点から，事業活動の特性，規模及び実態を考慮して，保有個人データについて本人から請求などがあった場合には，ダイレクトメールの発送停止など，自主的に利用停止に応じるなど，本人からの請求などに一層対応していくことが望ましい．

❑解　説

　本項は旧規格の 3.4.4.7（開示対象個人情報の利用又は提供の拒否権）における"開示対象個人情報"が"保有個人データ"に変更されている点以外は，項目の内容に変更はない．

　本項は，本人が組織に対して，本人が識別される保有個人データの利用停止等を請求することができることを定め，その請求に応じて組織は原則として利用停止等に応じなければならないことを定めるものである．

▷1　"本人から当該本人が識別される保有個人データの利用の停止，消去又は
　　　第三者への提供の停止（以下，この項において"利用停止等"という.)
　　　の請求を受けた場合"

　本規格では，本人から利用停止等の請求がなされた場合，組織は，原則として利用停止等に応じることを定めている．

　"利用の停止"とは，保有個人データを利用しないことをいう．

　"消去"とは，保有個人データを消してその効力を失わせることであり，その情報を使えなくすることをいう．

　"第三者への提供の停止"とは，第三者への保有個人データの提供を取り止めることをいう．

184　　　第 5 章　JIS Q 15001 の管理目的及び管理策の解説

▷**2** "措置を講じた後は，遅滞なくその旨を本人に通知しなければならない."

　利用停止等の措置を講じた後は，遅滞なく本人に通知することを求めている．ここで"遅滞なく"とは，利用停止等の措置を講じた時点から遅滞なく実施することをいう．

▷**3** "ただし，A.3.4.4.5 のただし書き a)～c)のいずれかに該当する場合は，利用停止等を行う必要はないが，そのときは，本人に遅滞なくその旨を通知するとともに，理由を説明しなければならない."

　"A.3.4.4.5 保有個人データの開示"の a)～c)に該当する場合には利用停止等に応じる必要はないが，利用停止等に応じない旨とその理由を本人に遅滞なく通知する必要がある．

　なお，個人情報保護法は，利用停止等の措置を講じるに当たって，個人情報取扱事業者が多額の費用を要する場合や実施が困難な場合には，"本人の権利利益を保護するため必要なこれに代わるべき措置をとる"とすればよいとなっている．この点につき，本規格においても，当該保有個人データの利用停止等に多額の費用を要する場合その他の利用停止等を行うことが困難な場合で，本人の権利利益を保護するため，必要な，これに代わるべき措置をとるときは，法の趣旨と同様である．

A.3.4 実施及び運用 185

A.3.4.5 認識

【附属書 A】

A.3.4.5	認識*	組織は，従業者が **7.3** に規定する認識をもつために，関連する各部門及び階層における次の事項を認識させる手順を確立し，かつ，維持しなければならない． **a)** 個人情報保護方針（内部向け個人情報保護方針及び外部向け個人情報保護方針） **b)** 個人情報保護マネジメントシステムに適合することの重要性及び利点 **c)** 個人情報保護マネジメントシステムに適合するための役割及び責任 **d)** 個人情報保護マネジメントシステムに違反した際に予想される結果 組織は，認識させる手順に，全ての従業者に対する教育を少なくとも年一回，適宜に行うことを含めなければならない．

【附属書 B】

B.3.4.5 認識

"認識"とは，従業者に，**A.3.4.5** の **a)**〜**d)**)に定める事項を理解させ，自覚させ，個人情報保護体制における各々の役割・権限を確実に果たすことができるようにすることをいう．

具体的には，従業者に対する教育を少なくとも年一回計画書（**A.3.3.6**）に基づき実施するに当たり，受講者の理解度確認を行うこと，アンケート又は小テストを実施することなどによって従業者の理解度を把握し，必要に応じて教育内容の見直しを図ること，及び教育を受けたことを自覚させる仕組みを取り入れることが **A.3.4.5** に適合する．

また，従業者に対する教育を実施した場合の欠席者を把握し，欠席者を対象としたフォローアップ教育及び／又は理解度確認を行うなどの措置を講じることも，**A.3.4.5** に適合する．

❏ 解　説

本項は旧規格の 3.2（個人情報保護方針）や 3.4.3.3（従業者の監督），3.4.5（教育）に該当するものである．

"認識"とは，従業者に，本項の a)〜d)に定める事項を理解させ，自覚させ，個人情報保護体制における各々の役割・権限を確実に果たすことができるようにすることをいう．具体的には，従業者に対する教育を少なくとも年一

回，計画書（"A.3.3.6 計画策定"）に基づいて実施するに当たって必要な手続を求めている．

　認識させる手順に，全ての従業者に対する教育を少なくとも年一回，適宜に行うことを含める必要がある．教育を実施するに当たっては，部門や階層ごとに取り扱う個人情報の種類やその方法が異なることから，それらにおける取扱いに応じた個人情報の適切な取扱いを確保するために必要な教育を行うことが重要である．

　また，教育の内容についても，個人情報の適正な取扱いと保護のために必要な知識はもとより，社会状況や技術動向も踏まえて，個人情報の漏えい等を防止する上で必要な知識も含めるなど，時宜に応じて適切な内容の教育を実施することが必要である．

A.3.5 文書化した情報

A.3.5.1 文書化した情報の範囲

【附属書 A】

A.3.5 文書化した情報 目的 文書化した情報を作成・維持するため.		
A.3.5.1	文書化した情報 の範囲	組織は, 次の個人情報保護マネジメントシステムの基本となる要素を書面で記述しなければならない. a) 内部向け個人情報保護方針 b) 外部向け個人情報保護方針 c) 内部規程 d) 内部規程に定める手順上で使用する様式 e) 計画書 f) この規格が要求する記録及び組織が個人情報保護マネジメントシステムを実施する上で必要と判断した記録

【附属書 B】

(該当する補足説明はなし)

□ 解 説

本項は, 個人情報保護マネジメントシステムの基本となる要素を明確にするために, 文書化した情報の範囲を定めるものである.

▷1 "文書化した情報"

"3.11 文書化した情報"は, 定義にあるように, あらゆる形式及び媒体の形をとることができ, あらゆる情報源から得ることができる. 必ずしも紙媒体に記録することは求められず, センサー装置等から自動的に得られる情報もまた文書化した情報となり得る.

なお, 一例として, 個人情報の授受に係る記録を保持するためには, 担当者間における個人情報の受け渡しに関する個別の記録を文書化した情報とすることが必要となり, それらが各担当者の"記憶"に留まっている限りでは本項に適合しない.

188   第5章　JIS Q 15001 の管理目的及び管理策の解説

▷**2** "個人情報保護マネジメントシステムの基本となる要素"

　その個々の構成要素のことであり，それを明確に把握するために文書化した情報とすることが必要である．

　本項のa)～f)は，最低限，文書化した情報にすべきものであり，これら以外にも本規格の全般にわたって，可能な限り文書化した情報にすることが望ましい．その際には，"7.5.1 一般"のb)に従い，文書化した情報の"程度"を組織として決定することが必要となる．

　旧規格の3.5.1（文書の範囲）では，個人情報保護マネジメントシステムの基本となる要素は"a) 個人情報保護方針""b) 内部規程""c) 計画書""d) この規格が要求する記録及び事業者が個人情報保護マネジメントシステムを実施する上で必要と判断した記録"の四つであったが，本項ではa)～f)の六つとなった．その理由は，個人情報保護方針が本規格で内部向けと外部向けに分離されたことと，内部規程に定める手順上で使用する様式を明確にしたことの2点による．

　本規格における7.5（7.5.1～7.5.3）と"A.3.5 文書化した情報"（A.3.5.1～A.3.5.3）とでは，表現上の差異がある．これは，旧規格の利用者を考慮した結果であり，内容的に著しい不整合（過不足）はない．

　関連する用語"3.11 文書化した情報"及び"7.5 文書化した情報"も併せて確認されたい．

A.3.5　文書化した情報　　　　　189

A.3.5.2　文書化した情報（記録を除く．）の管理

【附属書 A】

A.3.5.2	文書化した情報（記録を除く．）の管理*	組織は，この規格が要求する全ての文書化した情報（記録を除く．）を管理する手順を確立し，実施し，かつ，維持しなければならない． 　文書化した情報（記録を除く．）の管理の手順には，次の事項が含まれなければならない． **a)**　文書化した情報（記録を除く．）の発行及び改正に関すること **b)**　文書化した情報（記録を除く．）の改正の内容と版数との関連付けを明確にすること **c)**　必要な文書化した情報（記録を除く．）が必要なときに容易に参照できること

【附属書 B】

B.3.5　文書化した情報

B.3.5.2　文書化した情報（記録を除く．）の管理

　文書化した情報（記録を除く．）の管理とは，書面で記述した **A.3.5.1** の **a)**〜**f)** を保存し，制定・改正の記録を残した上で，常に最新の状態で維持しておくことである．文書化した情報のうち記録は，**A.3.5.3** に規定する管理策に従って管理する．また，**A.3.5.1** の **d)** では，内部規程に定める手順上で使用する様式も合わせて管理することが求められている．

　文書化した情報（記録を除く．）は，個人情報保護マネジメントシステムを構成する要素が互いにどのように関係しているか，及び特定部分の運用についての詳細な情報がどこに記述されているかを，十分に示せる程度にあればよい．文書化した情報（記録を除く．）は，組織によって実施される他のシステムの文書化した情報（記録を除く．）と統合してもよい．

　当初は，個人情報保護マネジメントシステム以外の目的で作成した文書化した情報（記録を除く．）を，個人情報保護マネジメントシステムの一部として使用してもよい．そのような使い方をする場合は，それらの文書化した情報（記録を除く．）を個人情報保護マネジメントシステムの中で参照しておくことが望ましい．

　なお，文書化した情報（記録を除く．）の管理は，個人情報保護マネジメントシステムを確実に実施するための手段であって，目的ではない．手段と目的とを混同しないよう留意することが望ましい．

190 　　第 5 章　 JIS Q 15001 の管理目的及び管理策の解説

□ 解　説

　本項は，本規格が要求する全ての文書化した情報を管理することを定めるものである．なお，本規格に基づいて取得する記録も文書化した情報であるが，"A.3.5.3 文書化した情報のうち記録の管理"に基づいて管理することになるため，本項の範囲には含まれない．

▷**1**　"組織は，この規格が要求する全ての文書化した情報（記録を除く．）を管理する手順を確立し，実施し，かつ，維持しなければならない．"

　"この規格が要求する全ての文書化した情報（記録を除く．）"とは，個人情報保護方針（内部向け，外部向け），内部規程，様式，計画書など，この規格に基づいて作成する文書化した情報（記録を除く．）の全てをいう．

　"文書化した情報（記録を除く．）を管理する手順"とは，個人情報保護マネジメントシステムの文書化した情報及び下位の文書化した情報を保存し，常に最新の状態で維持しておくことをいう．記録は文書化した情報の一種ではあるが，A.3.5.3 に従って管理することとなる．

▷**2**　"文書化した情報（記録を除く．）の管理の手順には，次の事項が含まれなければならない．"

　文書化した情報（記録を除く．）の管理の手順には，a)～c)について定められている必要がある．

　個人情報保護マネジメントシステム以外の目的で作成した"文書化した情報（記録を除く．）"とは別に，"文書化した情報（記録を除く．）"を管理する場合は，当然のことながら相互に内容的な矛盾が生じないようにしなければならない．また，それぞれがカバーする範囲を明確にすることも必要である．

A.3.5　文書化した情報　　　191

A.3.5.3　文書化した情報のうち記録の管理

【附属書 A】

A.3.5.3	文書化した情報のうち記録の管理*	組織は，個人情報保護マネジメントシステム及びこの規格の要求事項への適合を実証するために必要な記録として，次の事項を含む記録を作成し，かつ，維持しなければならない． **a)** 個人情報の特定に関する記録 **b)** 法令，国が定める指針及びその他の規範の特定に関する記録 **c)** 個人情報保護リスクの認識，分析及び対策に関する記録 **d)** 計画書 **e)** 利用目的の特定に関する記録 **f)** 保有個人データに関する開示等（利用目的の通知，開示，内容の訂正，追加又は削除，利用の停止又は消去，第三者提供の停止）の請求等への対応記録 **g)** 教育などの実施記録 **h)** 苦情及び相談への対応記録 **i)** 運用の確認の記録 **j)** 内部監査報告書 **k)** 是正処置の記録 **l)** マネジメントレビューの記録 　組織は，記録の管理についての手順を確立し，実施し，かつ，維持しなければならない．

【附属書 B】

B.3.5.3　文書化した情報のうち記録の管理

　この規格で必要とする文書化した情報のうち記録には，**A.3.5.3** の **a)**〜**l)** のほか，内部規程に定める手順上で使用する様式［**A.3.5.1 d)**］を用いた記録がある．

　A.3.5.3 g) は，**A.3.4.5** に基づき従業者全員に教育を実施したことの記録である．**A.3.4.5** の **a)**〜**d)** の事項を従業者に理解させるに当たり，実施した事項の記録となる．よって，結果を報告する際には，単に教育実施の結果を報告するだけではなく，教育の有効性の確認を報告することが **A.3.5.3 g)** に適合する．

　また，"教育の実施記録" には，緊急時対応についての教育訓練の記録なども含まれる．

　A.3.5.3 j) には，内部監査実施の状況のほか，問題点として把握した指摘事項と，その中で改善すべき事項とについて区別して示すことが含まれる．

　文書化した情報のうち記録は紙媒体である必要はなく，組織内において運用しやすい合理的な方法で作成することが望ましい．**A.3.5.3** では組織は，必要な記録を特定し，

保管，保護，保管期間及び廃棄についての手順を確立し，実施し，維持することが望ましい．記録自体も個人情報である可能性があるから，とりあえず何でも記録として残すという姿勢ではなく，その必要性を判断することが望ましい．また，文書化した情報のうち記録は，必要なときにすぐに検証できるように維持しておくことが望ましい．

❏ 解 説

本項は，個人情報保護マネジメントシステム及び本規格の要求事項への適合を実証するために必要な記録を管理することを定めるものである．

本項の定める"記録"とは，個人情報保護マネジメントシステム及び本規格の要求事項への適合を実証するために必要な記録であって，本規格が要求する記録及び組織が個人情報保護マネジメントシステムを実施する上で必要と判断した記録のことをいう．

▷**1** "次の事項を含む記録"

本規格で必要とする記録には，本項の a)〜l)が含まれる．

▷**2** "記録"

記録は必ずしも紙媒体である必要はなく，組織内において運用しやすい合理的な方法で作成するとよい．組織は，必要な記録を特定し，保管，保護，保管期間及び廃棄についての手順を確立し，実施し，維持しなければならない．記録自体も個人情報である可能性があるから，とりあえず何でも記録として残すという姿勢ではなく，その必要性を判断すべきである．また，記録は，必要なときにすぐに検証できるように維持しておく必要がある．

文書化した情報（記録を除く．）もまた，記録となり得る．例えば，旧版の文書化した情報（記録を除く．）は，その文書化した情報（記録を除く．）が最新版であった時点では，組織の正式な個人情報保護方針（内部向け，外部向け），内部規程，様式，計画書などであり，旧版となっても過去のそれらであったことを示す記録として管理対象とする必要がある．なぜなら，旧規格以前は，組織がそのルールで運用していたという記録（証拠）になるためである．

A.3.6 苦情及び相談への対応

【附属書 A】

A.3.6 苦情及び相談への対応 目的 苦情及び相談に対応するため.		
A.3.6	苦情及び相談へ の対応*	組織は,個人情報の取扱い及び個人情報保護マネジメントシステムに関して,本人からの苦情及び相談を受け付けて,適切かつ迅速な対応を行う手順を確立し,かつ,維持しなければならない. 組織は,上記の目的を達成するために必要な体制の整備を行わなければならない.

【附属書 B】

B.3.6 苦情及び相談への対応
"必要な体制の整備"とは,例えば,常設の対応窓口の設置又は担当者を任命することなどをいう.ただし,個人情報保護管理者とは兼任をしても差し支えない. 　必要な体制の整備に当たっては,**JIS Q 10002**(品質マネジメント―顧客満足―組織における苦情対応のための指針)を参考にしてもよい.

❑ 解 説

　本項は,個人情報の取扱い及び個人情報保護マネジメントシステムに関して,組織が本人からの苦情及び相談を受け付け,適切かつ迅速に対応すること,また,その目的を達成するために必要な体制の整備を行わなければならないことを定めるものである.

　本規格は,個人情報保護マネジメントシステムに係るものであることから,組織における個人情報の取扱いのみならず,個人情報保護マネジメントシステムに関する苦情及び相談もその対象となる.

▷1 "苦情及び相談を受け付け"

　苦情及び相談内容は,個人情報の取扱い及び個人情報保護マネジメントシステムに関するものであれば,その内容や性質を問わず対象となる.苦情及び相談の対象は"個人情報"であり,個人情報保護法の規定においても"個人データ"や"保有個人データ"には限定されていない.

194   第 5 章　JIS Q 15001 の管理目的及び管理策の解説

▷**2**　"適切かつ迅速な対応"

　ネットワーク社会における個人情報の取扱いに係る問題は，対応が適切ではない場合や迅速な対応によらなければ本人の権利利益を侵害するおそれがある場合もあることから，そのような事態に陥ることがないよう，組織には適切かつ迅速な対応を求めるものである．

　なお，苦情及び相談を受け付けてから対応するまでの期間については特に定めはないが，本人からの苦情及び相談内容や，その影響等に鑑みて合理的な期間内に応じることが必要となる．

▷**3**　"必要な体制の整備"

　苦情及び相談については，組織の内部において適切に対応する上で必要な体制を整備することが必要である．

　苦情及び相談の受付は，常設の対応窓口の設置又は担当者の任命によって行う必要がある．なお，個人情報保護管理者と兼任してもよい．

　必要な体制の整備に当たっては，JIS Q 10002（品質マネジメント―顧客満足―組織における苦情対応のための指針）を参考にすることができる．

▷**4**　"本人からの"

　一般的に苦情及び相談は本人からの申し出であるとされるが，"A.3.4.4 個人情報に関する本人の権利"とは異なり，匿名などによることもある．苦情及び相談への対応の結果を本人に伝えることが必要な場合は，連絡先や連絡の方法などを確認（受領）することが当然のことながら必要である．

A.3.7　パフォーマンス評価

【附属書 A】

A.3.7　パフォーマンス評価 **目的**　パフォーマンス評価を実施するため.		
A.3.7.1	運用の確認*	組織は，個人情報保護マネジメントシステムが適切に運用されていることが組織の各部門及び階層において定期的に，及び適宜に確認されるための手順を確立し，実施し，かつ，維持しなければならない. 　各部門及び各階層の管理者は，定期的に，及び適宜にマネジメントシステムが適切に運用されているかを確認し，不適合が確認された場合は，その是正処置を行わなければならない. 　個人情報保護管理者は，トップマネジメントによる個人情報保護マネジメントシステムの見直しに資するため，定期的に，及び適宜にトップマネジメントにその状況を報告しなければならない.

【附属書 B】

> **B.3.7　パフォーマンス評価**
>
> **B.3.7.1　運用の確認**
>
> 　A.3.7.1 は，組織全体として実施する内部監査（A.3.7.2）と異なり，各部門及び各階層において行われるものである.
>
> 　一連のマネジメントシステムの実施結果を受けて行うものではなく，日常業務において気付いた点（残留リスクが顕在化していないか，リスク対策が実施できているかなど）があればそれを是正及び予防していくものであるため，たとえ小規模な組織であっても，運用の確認（A.3.7.1）及び内部監査（A.3.7.2）を行うことが望ましい.

❑ 解　説

　本項は，個人情報保護マネジメントシステムが適切に運用されていることが，組織の各部門及び階層において，定期的に確認がなされることについて定めるものである.

　本項に関連する "3.13 パフォーマンス" "3.14 監視" "3.15 測定" "9.1 監視，測定，分析及び評価" も併せて参照されたい.

　"運用の確認" とは，組織全体として実施する内部監査（"A.3.7.2"）と異なり，各部門及び各階層において行われるものである. 各部門及び各階層の管理

196　　　第 5 章　JIS Q 15001 の管理目的及び管理策の解説

者は，定期的にマネジメントシステムが適切に運用されているかを確認し，不適合が確認された場合は，その是正処置を行うことが必要である．

　また，一連のマネジメントシステムの実施結果を受けて行うものではなく，日常業務において気付いた点があればそれを是正するものであるため，たとえ小規模な事業者であっても，"A.3.7.1 運用の確認"を行うべきである．

　A.3.7.1 の実際の内容は，文書や記録の確認はもとより，個人情報保護マネジメントシステムを適切に運用するために必要な点検確認活動の全てをいうが，運用の確認が適切に行われているか否かは監査を実施することにより自ずと明らかになるため，運用の確認の行い方として監査と同様の行い方をとる必要はない．

　組織内の全ての部門で，同一の運用の確認の方法をとる必要もない．各組織，各階層において，ふさわしいと考える運用の確認の方法を各部門及び各階層の管理者が創意工夫によって実施することが適切である．

　なお，"定期的に"とは"年一回程度"ではなく，"B.3.7.1 運用の確認"にあるように，"日常業務において気付いた点（残留リスクが顕在化していないか，リスク対策が実施できているかなど）があればそれを是正及び予防していくもの"として，内部監査の頻度である"少なくとも年一回程度"よりは高い頻度で実施するものである．

　"9.1 監査，測定，分析及び評価"と本項とでは，表現上の差異がある．これは，旧規格の利用者を考慮した結果である．内容的に著しい不整合（過不足）はない．

A.3.7　パフォーマンス評価　　　　197

A.3.7.2　内部監査
【附属書 A】

A.3.7.2	内部監査*	組織は，個人情報保護マネジメントシステムのこの規格への適合状況及び個人情報保護マネジメントシステムの運用状況を少なくとも年一回，適宜に監査しなければならない． 　組織は，監査の計画及び実施，結果の報告並びにこれに伴う記録の保持に関する責任及び権限を定める手順を確立し，実施し，かつ，維持しなければならない． 　個人情報保護監査責任者は，監査員に，自己の所属する部署の内部監査をさせてはならない．

【附属書 B】

> **B.3.7.2　内部監査**
>
> 　内部監査は，組織内部からの要員によって，又は組織のために働くように外部から選んだ者によって実施してもよい．その際，内部監査を実施する監査員には，力量があり，かつ客観的に行える立場にある者を当てることが望ましい．
>
> 　小規模な組織における個人情報保護監査責任者が監査員を兼ねる場合，監査対象となる部署と兼務してもよい．
>
> 　運用状況の内部監査に当たっては，**A.3.3.3** によって講ずることとした対策を，監査項目に設定して実施することが望ましい．
>
> 　"結果の報告"とは，組織のトップマネジメントに対する報告をいう．このため，結果の報告に対する改善の指示も，組織のトップマネジメントから受けることが望ましい．改善の指示をトップマネジメントから受けられない場合は，トップマネジメントによって権限を与えられた者の指示を受けてもよい．

❑ 解　説

本項は，個人情報保護マネジメントシステムの本規格への適合状況及び個人情報保護マネジメントシステムの運用状況について，

① 定期的に内部監査を行うこと

② 内部監査の実施に際しては，代表者から指名された個人情報保護監査責任者が中心となって内部監査の手順（計画及び実施，結果の報告，記録の保持等）を確立し，かつ，維持すべきこと

③ 内部監査体制の組織化

198   第5章　JIS Q 15001 の管理目的及び管理策の解説

について定めるものである．

　本項に関連する "3.16 監査" "3.41 個人情報保護監査責任者" "9.2 内部監査" も併せて参照されたい．

▷1 "個人情報保護マネジメントシステムのこの規格への適合状況"

　組織の定める個人情報保護マネジメントシステムが本規格に適合していることを内部監査すべき旨を定めたものである（適合状況の内部監査）．したがって，このことに関しては，個人情報保護マネジメントシステムの変更がなく，本規格の改正もない場合には，適合状況の内部監査そのものを省略することもできる．

▷2 "個人情報保護マネジメントシステムの運用状況"

　組織の運用が組織の定めた個人情報保護マネジメントシステムに従った運用となっていることを内部監査すべき旨を述べたものである（運用状況の内部監査）．多くの組織は，その翼下に複数の組織を構築していることが通例であるので，運用状況の内部監査も，その複数の組織に対して実施されるものである．

　運用状況の内部監査に当たっては，"A.3.3.3 リスクアセスメント及びリスク対策" により講じることとした対策も監査項目に設定して実施するとよい．

▷3 "少なくとも年一回，適宜に監査しなければならない．"

　上記1の適合状況の内部監査，2の運用状況の内部監査のいずれも，年一回以上，また必要であれば適宜に実施すべきことが求められている．

　適合状況の内部監査については，その記録（個人情報保護マネジメントシステムの変更がなく，本規格の改正もなかったので，適合状況の内部監査を実施しないとした記録を含む）が，少なくとも年一回作成され，監査報告されることになる．運用状況の内部監査については，各組織の運用状況の内部監査の結果が，少なくとも年一回作成され，監査報告されることになる．

A.3.7 パフォーマンス評価　　　　　　　　　　　199

▷**4**　"監査の計画及び実施，結果の報告並びにこれに伴う記録の保持に関する
　　責任及び権限を定める手順"

　内部監査も一つのプロセスであるから，その実施に先立って手順が作成さ
れ，承認されていなければならない．その際，個人情報保護監査責任者も関
与してその手順を定めていなければ，個人情報保護監査責任者が内部監査に関
する責任及び権限をもっていることにならないということに留意する必要があ
る．

▷**5**　"監査員"

　個人情報保護監査責任者は組織内部に属する者の中から指名された者でなけ
ればならないが，監査員に関してはその制約はない．外部に委託することでも
差し支えない．

▷**6**　"自己の所属する部署の内部監査をさせてはならない．"

　9.2の"e) 監査プロセスの客観性及び公平性を確保する監査員を選定し，
監査を実施する．"に対応する．そのため，"B.3.7.2 内部監査"における"小
規模な組織における個人情報保護監査責任者が監査員を兼ねる場合，監査対象
となる部署と兼務してもよい．"は，"3.41 個人情報保護監査責任者"のもと
で 9.2 e)を満たすことから許容される．

▷**7**　"結果の報告"

　"結果の報告"とは，組織のトップマネジメントに対する報告をいう．

　9.2と本項とでは，表現上の差異がある．これは，旧規格の利用者を考慮し
た結果である．内容的に著しい不整合（過不足）はないと考えられる．

200   第 5 章　JIS Q 15001 の管理目的及び管理策の解説

A.3.7.3　マネジメントレビュー

【附属書 A】

A.3.7.3	マネジメントレビュー*	トップマネジメントは，**9.3** に規定するマネジメントレビューを実施するために，少なくとも年一回，適宜に個人情報保護マネジメントシステムを見直さなければならない．
		マネジメントレビューにおいては，次の事項を考慮しなければならない． **a)**　監査及び個人情報保護マネジメントシステムの運用状況に関する報告 **b)**　苦情を含む外部からの意見 **c)**　前回までの見直しの結果に対するフォローアップ **d)**　個人情報の取扱いに関する法令，国の定める指針その他の規範の改正状況 **e)**　社会情勢の変化，国民の認識の変化，技術の進歩などの諸環境の変化 **f)**　組織の事業領域の変化 **g)**　内外から寄せられた改善のための提案

【附属書 B】

> **B.3.7.3　マネジメントレビュー**
> 　内部監査は社内の現状のルールを前提に，それが守られているかを確認するものであり，それに基づく改善も現状の枠内に止まるものである．**A.3.7.3** によるマネジメントレビューは，それに止まらず，外部環境も考慮した上で，現状そのものを根本的に見直すことがあり得る点で，内部監査による改善とは本質的に異なる．
> 　常に，**A.3.7.3** の **a)**～**g)** の事項をまとめて見直すという必要はない．見直しは，必要に応じて実施してもよい．

❏ 解　説

　本項は，組織による個人情報の適正な取扱いと保護を維持するために，トップマネジメントが定期的に，又は適宜に個人情報保護マネジメントシステムを見直すべきことを定めるものである．

　本項によるマネジメントレビューは，外部環境も考慮した上で，現状そのものを根本的に見直すことがあり得る点で，ただ単に内部監査のみに基づく改善とは本質的に異なる．

　ただし，常に a)～g) の事項をまとめてマネジメントレビューを実施すると

A.3.7　パフォーマンス評価　　　　　　201

いう必要はなく，必要に応じて随時実施されることもある．

　旧規格では，3.9（事業者の代表者による見直し）として，点検，是正処置及び予防処置のあとに置かれていた．本規格では，"9　パフォーマンス評価"の中に"9.3　マネジメントレビュー"として組み込まれている関係で本項となっている．

　しかしこれは，"順序は重要性を反映するものでもなく，実施する順序を示すものでもない．"と本規格の"0.1　概要"で記載されている通りである．旧規格の利用者は，本規格においても，特段考え方に変化があったものと考えてはならず，単に内部監査の結果の報告だけをもってマネジメントレビューであると考えてはならない．なお，それらは 9.3 c)の"2) 監査及び測定の結果"と"3) 監査結果"にすぎない．同様に，本項の"a) 監査及び個人情報保護マネジメントシステムの運用状況に関する報告"にすぎない．

▷1　"少なくとも年一回，適宜に"

　上述の通りであるとはいえ，マネジメントレビューで考慮すべき項目の中では，特に運用の確認と内部監査の結果の報告が主要要素となりやすいこともまた確かである．そのため，マネジメントレビューの頻度も内部監査の報告と整合して実施され，報告に対する改善の指示も，組織のトップマネジメントから受けることになる．

　なお，組織の内部体制の規模が大きく，例えば事業部門制などのように，トップマネジメントからの権限移譲が進んでいる場合，実質的には権限移譲された事業部門の長がトップマネジメントに代わって結果の報告を受け，指示を行う場合も想定される（組織内組織のマネジメントレビュー）．そのような場合であっても，組織全体レベルのマネジメントレビューも不可欠であることはいうまでもない．

▷2　"マネジメントシステムの見直し"

　マネジメントレビューによって，マネジメントシステムの見直しが行われ

202　　第 5 章　JIS Q 15001 の管理目的及び管理策の解説

る．組織の個人情報保護マネジメントシステムの運用に不適合があれば運用を是正する．組織の個人情報保護マネジメントシステムそのものに十分ではない点があれば，個人情報保護マネジメントシステムそのものが是正される．

　9.3 と本項とでは，表現上の差異がある．これは，旧規格の利用者を考慮した結果である．内容的に著しい不整合（過不足）はない．

203

A.3.8　是正処置

【附属書A】

A.3.8　是正処置 目的　是正処置を実施するため.		
A.3.8	是正処置*	組織は，不適合に対する是正処置を確実に実施するための責任及び権限を定める手順を確立し，実施し，かつ，維持しなければならない．その手順には，次の事項を含めなければならない. a)　不適合の内容を確認する. b)　不適合の原因を特定し，是正処置を立案する. c)　期限を定め，立案された処置を実施する. d)　実施された是正処置の結果を記録する. e)　実施された是正処置の有効性をレビューする.

【附属書B】

> **B.3.8　是正処置**
>
> 　是正処置は，パフォーマンス評価の結果，緊急事態の発生及び外部機関の指摘などを通じて，不適合が明らかになった場合に行う.
>
> 　不適合の原因が特定されなければ，根本的な解決にはならず，単なるもぐらたたきの改善で終わってしまい，再発を防げない．**A.3.8 b)**では，再発防止のための是正処置を立案し，**A.3.1.1**に基づく承認を受け，実施することが望ましい.
>
> 　是正処置を確実に実施させるために期限を区切ることは有効であるが，不適合の内容によっては，長期にわたってもよい．不適合の内容に相応した期限を設定することが望ましい.

❒ **解　説**

　本項は本規格の要求事項を満たしていない状態を不適合とし，是正処置を確実に実施することを定めるものである.

　本規格は，組織による自主的な個人情報保護への対応に当たって必要な要求事項を定めるものであって，本規格の要求を満たしていない不適合の状態をもって直ちに法的な責任を追及されることはないが，個人情報の適正な取扱いと保護を確保する上で，そのような状態に対して組織が適切に対応すべきことを定めている.

　本規格の要求事項は法の定める手続よりも厳格な手続を定めている部分が多

204 第 5 章 JIS Q 15001 の管理目的及び管理策の解説

いことから，不適合に当たる場合に直ちに個人情報保護法等に違反するとは限らない．しかし，個人情報保護マネジメントシステムの運用は，個人情報を適法に取り扱うことを前提に行われるものであることから，個人情報保護に係る法令や国が定める指針その他の規範に基づいて取り扱うことが求められることはもとより，本人との間の信頼関係に立脚した上で，個人情報を適正に取り扱うことが求められる．そのためには，本規格の要求事項を満たしていない場合に，組織が是正処置を確実に実施することが重要である．

▷1 "不適合"

"3.18 不適合" とは，定義にあるように，"要求事項を満たしていないこと." をいう．

本規格の内容が契約内容に反映されている場合には，本規格に対して不適合であることが，すなわち契約違反（債務不履行の問題）になるということに留意しておく必要がある．

個人情報保護管理者は，不適合がないように個人情報保護マネジメントシステムを "実施及び運用" しなければならず，個人情報保護監査責任者は，個人情報保護管理者の "実施及び運用"，その他について不適合がないかどうかを "内部監査" しなくてはならない．最終的に組織が不適合であることの責任はその組織のトップマネジメントが負うこととなる．

▷2 "是正処置"

"是正処置" とは，現時点において発生している不適合を是正する処置を実施することをいう．なお，"予防処置" という用語が削除されている．詳細は10.1 の解説（80 ページ）を参照されたい．

不適合は，"A.3.7.1 運用の確認" や "A.3.7.2 内部監査" の結果で本規格の要求事項を満たしていないことが明らかになる場合もあれば，"A.3.3.7 緊急事態への準備" における個人情報の漏えい，滅失又はき損などの緊急事態の発生や，外部機関の指摘等により明らかになることもある．これらの問題が本規

格の要求事項を満たさない状態にあるか否かは組織が判断するものである．なお，その判断は組織が認識した不適合の内容に基づいて行われるが，本規格にいう不適合とは，個人情報保護マネジメントシステムにおいて，本規格の要求事項を満たしていないことをいう．個人情報保護法に基づいて適法とされる場合であっても，例えば"A.3.4.4.1 個人情報に関する権利"の第2段落の規定に反するようであれば，不適合とされることはあり得る．

不適合の原因が特定されなければ，根本的な解決にはならず，現に発生している事案に対する一過的な対応や改善で終わってしまい，再発を防げない．不適合が検出された部門は，不適合の原因を特定した上で，再発防止のためのその是正処置を立案し，承認を受け，実施しなければならない．

是正処置を確実に実施させるために期限を設けることは有効であるが，不適合の内容によっては，長期にわたることもあり得る．不適合の内容に相応した期限を設定するとよい．

▷**3** "次の事項"

"10.1 不適合及び是正処置"の a)〜g)と本項の a)〜e)とでは，表現上の差異がある．これは，旧規格の利用者を考慮した結果である．内容的に著しい不整合（過不足）はない．

索　引

A

Annex SL　　22
Appendix 2　　22, 24

E

EU 個人データ保護指令　　15

J

JIS　　13
JIS Q 10002　　194
JIS Q 15001:1999　　13
JIS Q 15001:2017　　13
JIS Q 27000:2014　　21
JIS Q 27001:2014　　21

O

OECD 理事会勧告　　15

P

PDCA サイクル　　84

い

引用規格　　29

か

開示等　　142, 168
外部向け方針　　26

き

機会　58
記録　192
緊急事態　46

け

計画　59
結果　38

こ

工業標準化法　　14
公正　117
公表　124
個人情報保護　47, 49
　——監査責任者　42
　——管理者　40
　——管理者の役割　41
　——体系　93
　——法　13, 158
　——マネジメントシステム　53,
　　158

——リスク　44
個人データの取扱いの委託　164
コミットメント　54

さ

削除　180
産業標準化法　14
残留リスク　100

し

事業　30
資源　103
従業者　43, 160
消去　181, 183
書面　128, 177

せ

正確性・最新性の確保　156
是正処置　80, 204

そ

属性　130
測定　39
組織　36, 52
損失　99

た

第三者　179

ち

直接書面による取得　128

つ

追加　180
通知　124

て

定期的に　196
訂正　180
——等　180
適法　117
適用除外　142, 150
適用宣言書　27
適用範囲　29

と

特別の手続　177, 181
トップマネジメント　37, 54

な

内部向け方針　26

に

日本工業規格　14

は

パーソナルデータ　17

ひ

必要かつ適切な監督　166
必要かつ適切な措置　159

ふ

不正　117

附属書 A　24
附属書 B　25
附属書 C　25
附属書 D　26
附属書 SL　20, 22
不適合　80, 81, 204

ほ

方針　86
法令の規定　177, 181
本人　39, 178

ま

マネジメントシステム　84

め

明示　129

も

目的　37

よ

用語及び定義　35

り

利害関係者　51
リスク　39, 44, 58, 99
　——アセスメント　60
　——所有者　48
　——対応　62
利用の停止　183
利用目的　115
　——の通知　98
　——の特定　97

ろ

漏えい等事案　46

211

監修者略歴

藤原　靜雄（ふじわら　しずお）

中央大学 法科大学院 教授
JIS Q 15001 改正原案作成委員会 委員長

編著者略歴

新保　史生（しんぽ　ふみお）

慶應義塾大学 総合政策学部 教授

著者略歴

小堤　康史（おづつみ　やすし）

一般財団法人日本データ通信協会 Pマーク審査部長
　兼 電気通信個人情報保護推進センター（認定個人情報保護団体）所長
JIS Q 15001 改正原案作成委員会 委員

佐藤　慶浩（さとう　よしひろ）

オフィス四々十六 代表
一般社団法人日本個人情報管理協会 理事
一般財団法人日本情報経済社会推進協会 客員研究員
JIS Q 15001 改正原案作成委員会 委員
一般財団法人日本情報経済社会推進協会 ISMS 適合性評価制度技術専門部会 委員
ISO/IEC JTC 1 国際規格 SC 27 委員会 WG 5 小委員会 委員 他

篠原　治美（しのはら　はるみ）

一般財団法人日本情報経済社会推進協会 認定個人情報保護団体事務局 事務局長
前 経済産業省 商務情報政策局 情報経済課 法執行専門職

鈴木　靖（すずき　やすし）

株式会社シーピーデザインコンサルティング 代表取締役社長
JIS Q 15001 改正原案作成委員会 委員 他

JIS Q 15001:2017 個人情報保護マネジメントシステム 要求事項の解説

定価：本体 3,000 円（税別）

2018 年 7 月 31 日	第 1 版第 1 刷発行
2018 年 10 月 31 日	第 2 刷発行

監　修　藤原　靜雄

編　著　新保　史生

発 行 者　揖斐　敏夫

発 行 所　一般財団法人 日本規格協会

　　　　　〒108-0073　東京都港区三田 3 丁目 13-12　三田 MT ビル
　　　　　http://www.jsa.or.jp/
　　　　　振替　00160-2-195146

印 刷 所　株式会社平文社
製　　作　有限会社カイ編集舎

© Fumio Shimpo, et al., 2018　　　　　　　　Printed in Japan
ISBN978-4-542-30677-6

- 当会発行図書，海外規格のお求めは，下記をご利用ください．
  販売サービスチーム：(03)4231-8550
  書店販売：(03)4231-8553　注文 FAX：(03)4231-8665
  JSA Webdesk：https://webdesk.jsa.or.jp/

図書のご案内

対訳 ISO/IEC 27001:2013
（JIS Q 27001:2014）
情報セキュリティマネジメントの国際規格
[ポケット版]

日本規格協会　編
新書判・216 ページ
定価：本体 3,900 円（税別）

ISO/IEC 27001:2013
（JIS Q 27001:2014）
情報セキュリティマネジメントシステム要求事項の解説

中尾康二　編著
山﨑　哲・山下　真・
日本情報経済社会推進協会　著
A5 判・182 ページ
定価：本体 2,500 円（税別）

[2013 年改正対応]
やさしい
ISO/IEC 27001（JIS Q 27001）
情報セキュリティマネジメント
新装版

髙取敏夫・中島博文　共著
A5 判・144 ページ
定価：本体 1,500 円（税別）

日本規格協会　　　　https://webdesk.jsa.or.jp/

図書のご案内

対訳 ISO 31000:2009
（JIS Q 31000:2010）
リスクマネジメントの国際規格
［ポケット版］

日本規格協会 編
新書判・184 ページ　　定価：本体 2,800 円（税別）

ISO 31000:2009
リスクマネジメント
解説と適用ガイド

リスクマネジメント規格活用検討会　編著
編集委員長　野口和彦
A5 判・148 ページ　　定価：本体 2,000 円（税別）

リスクマネジメント
の実践ガイド
ISO 31000 の組織経営への取り込み

三菱総合研究所
実践的リスクマネジメント研究会　編著
A5 判・160 ページ　　定価：本体 1,800 円（税別）

リスク三十六景
リスクの総和は変わらない
どのリスクを選択するかだ

野口和彦　著
四六判・194 ページ　　定価：本体 1,300 円（税別）

日本規格協会　　https://webdesk.jsa.or.jp/

図書のご案内

JIS Q 15001:2017 対応
個人情報保護マネジメントシステム導入・実践ガイドブック

一般財団法人日本情報経済社会推進協会
プライバシーマーク推進センター　編

A5 判・358 ページ
定価：本体 4,500 円（税別）

【主要目次】

第一部　個人情報保護マネジメントシステムの重要性
1　個人情報保護マネジメントシステムについて
2　JIS Q 15001:2017 の構成と主な改正点
3　個人情報保護マネジメントシステムを構築するメリット
4　個人情報保護マネジメントシステム構築の具体的な進め方
5　JIS Q 15001:2017 とプライバシーマーク付与適格性審査

第二部　プライバシーマーク付与適格性審査の審査基準と解説
第二部の位置付けと構成
第二部の記述の見方

JIS Q 15001:2017 附属書 A
A.3.1　一般
A.3.2　個人情報保護方針
A.3.3　計画
A.3.4　実施及び運用
A.3.5　文書化した情報
A.3.6　苦情及び相談への対応
A.3.7　パフォーマンス評価
A.3.8　是正処置

付録
1　プライバシーマーク制度の概要
2　プライバシーマーク付与登録までの流れ
3　事故発生時の対応
4　JIS Q 15001:2017 附属書 B（参考）
5　個人情報の保護に関する法律

日本規格協会　　　　https://webdesk.jsa.or.jp/